高职高专"十三五"规划教材

金属材料与热处理

王祎才　主编

化学工业出版社

·北京·

全书共分 12 章，内容主要包括：工程材料的分类与性能，金属的晶体结构与结晶，铁碳合金，钢的热处理，非合金钢（碳钢），铸铁，低合金钢与合金钢，工具钢、硬质合金及特殊性能钢，有色金属材料，非金属材料及复合材料，几种新材料的发展简介，机械零件的选材与工艺分析。本教材在编写顺序上，按照由浅入深、循序渐进、便于教学的思路，注重培养学生分析问题和解决问题的能力。每章后附有小结和习题，以便于学生理解吸收本章学过的内容。

本书配套的电子课件可以从化学工业出版社教学资源网上下载，网址：www.cipedu.com.cn。

本书适合高职高专院校机械类、近机械类专业使用，同时也适用于成人大学、中等专业学校和相关技术人员自学参考。

图书在版编目（CIP）数据

金属材料与热处理/王祎才主编. —北京：化学工业
出版社，2016.8（2021.8 重印）
高职高专"十三五"规划教材
ISBN 978-7-122-27376-5

Ⅰ.①金… Ⅱ.①王… Ⅲ.①金属材料-高等职业教育-教材②热处理-高等职业教育-教材 Ⅳ.①TG14②TG15

中国版本图书馆 CIP 数据核字（2016）第 143253 号

责任编辑：李　娜　　　　　　　　　　装帧设计：刘丽华
责任校对：蒋　宇

出版发行：化学工业出版社（北京市东城区青年湖南街 13 号　邮政编码 100011）
印　　装：天津盛通数码科技有限公司
787mm×1092mm　1/16　印张 10　字数 238 千字　　2021 年 8 月北京第 1 版第 2 次印刷

购书咨询：010-64518888　　　　　　　售后服务：010-64518899
网　　址：http://www.cip.com.cn
凡购买本书，如有缺损质量问题，本社销售中心负责调换。

定　　价：25.00 元　　　　　　　　　　　　　　　　版权所有　违者必究

前　言

本书是根据全国高等学校"机械工程类专业教学指导委员会"对机械类专业"机械工程材料"的教学要求，并结合编者多年来的教学实践而编写的。

"金属材料与热处理"是机械类、近机类专业重要的专业基础课。为了适应材料科学与制造技术发展的需求，针对高等职业教育应用型专门人才的培养目标，从机械专业工程技术人员的实际生产要求出发，在总结高职院校机械类专业教学改革经验的基础上编写了本书。

本书主要有以下特点。

（1）注重在理论知识、素质、能力、技能等方面对学生进行全面的培养，基础理论以"实用、够用"为原则，强调知识的实际运用和实践训练。

（2）注重吸取现有相关教材的优点，充实新知识、新工艺、新技术等内容，简化过多的理论介绍，以拓宽学生的专业知识面。

（3）突出职业技术教育特色，做到图解直观形象，力求做到理论深入浅出，内容重点突出，文字通俗易懂，理论联系实际，加强学生实践技能和综合应用能力的培养。

（4）注重文字叙述精炼，通俗易懂，总结归纳提纲挈领。

（5）每章配备小结和习题，引导学生积极思考，形成师生相互交流与研讨的气氛，培养学生观察、探索、分析以及应用理论知识的能力。

根据各高职、高专院校机械类、近机类专业对各章节内容要求的不同，学时数安排的不同，在选用本书作为教材时，可根据具体情况对各章节的内容加以取舍和调整。

参加本书编写工作的有：商丘工学院郭媛媛（绪论、第1章、第12章）、甘肃畜牧工程职业技术学院王祎才（第2章～第7章、第11章）、商丘工学院李金展（第8章～第10章）。本书由王祎才任主编，负责全书的统稿和定稿工作，李金展任副主编，甘肃畜牧工程职业技术学院刘孜文主审。

由于水平有限，难免有疏漏和不妥之处，敬请读者指正。

编者
2016 年 5 月

目　录

绪　　论

材料是人类生产和生活所必需的物质基础。从日常生活用具到高、精、尖的产品，从简单的手工工具到技术复杂的航天器、机器人，都是由不同种类、不同性能的材料加工成的零件组合装配而成。材料的利用情况标志着人类文明的发展水平。

20 世纪 70 年代，人们把材料、能源、信息称为现代技术的三大支柱，而能源和信息的发展，在一定程度上又依赖于材料的进步。因此，许多国家都把材料学作为重点发展学科之一，使之为新技术革命提供坚实的基础。

（1）简史

人类在同自然界的斗争中，不断改进用以制造工具的材料。最早是用天然的石头和木材制作工具，以后逐步发现和使用金属。中国使用金属材料的历史悠久，在两千多年前的《考工记》中就有"金之六齐"的记载，这是关于青铜合金成分配比规律最早的阐述。人类虽早在公元前已了解金、银、铜、汞、锡、铁、铅等多种金属，但由于采矿和冶炼技术的限制，在相当长的历史时期内，很多器械仍用木材制造或采用铁木混合结构。直到 1856 年英国人贝塞麦发明转炉炼钢法，1856—1864 年英国人 K. W. 西门子和法国人马丁发明平炉炼钢以后，大规模炼钢工业兴起，钢铁才成为最主要的机械工程材料。到 20 世纪 30 年代，铝（铝合金）、镁（镁合金）等轻金属逐步得到应用。第二次世界大战后，科学技术的进步促进了新型材料的发展，球墨铸铁、合金铸铁、合金钢、耐热钢、不锈钢、镍合金、钛合金和硬质合金等相继形成系列并扩大应用。同时，随着石油化学工业的发展，促进了合成材料的兴起，工程塑料、合成橡胶和胶黏剂等在机械工程材料中的比重逐步提高。另外，宝石、玻璃和特种陶瓷材料等也逐步扩大在机械工程中的应用。

（2）分类

机械工程材料涉及面很广，按属性可分为金属材料和非金属材料两大类。金属材料包括黑色金属和有色金属。有色金属用量虽只占金属材料的 5%，但因具有良好的导热性、导电性，以及优异的化学稳定性和高的比强度等，而在机械工程中占有重要的地位。非金属材料又可分为无机非金属材料和有机高分子材料。前者除传统的陶瓷、玻璃、水泥和耐火材料外，还包括氮化硅、碳化硅等新型材料以及碳素材料（碳和石墨材料）等。后者除了天然有机材料如木材、橡胶等外，较重要的还有合成树脂（工程塑料）。此外，还有由两种或多种不同材料组合而成的复合材料。这种材料由于复合效应，具有比单一材料优越的综合性能，成为一类新型的工程材料。

机械工程材料也可按用途分类，如结构材料（结构钢）、工模具材料（工具钢）、耐蚀材料（不锈钢）、耐热材料（耐热钢）、耐磨材料（耐磨钢）和减摩材料等。由于材料与工艺紧密联系，也可结合工艺特点来进行分类，如铸造合金材料、超塑性材料、粉末冶金材料等。粉末冶金可以制取用普通熔炼方法难以制取的特殊材料，也可直接制造各种精密机械零件，已发展成一类粉末冶金材料。

（3）展望

机械产品的可靠性和先进性，除设计因素外，在很大程度上取决于所选用材料的质量和性能。新型材料的发展是发展新型产品和提高产品质量的物质基础。各种高强度材料的发展，为发展大型结构件和逐步提高材料的使用强度等级，减轻产品自重提供了条件；高性能的高温材料、耐腐蚀材料为开发和利用新能源开辟了新的途径。现代发展起来的新型材料有新型纤维材料、功能性高分子材料、非晶质材料、单晶体材料、精细陶瓷和新合金材料等，对于研制新一代的机械产品有重要意义。如碳纤维比玻璃纤维强度和弹性更高，用于制造飞机和汽车等结构件，能显著减轻自重而节约能源。精细陶瓷如热压氮化硅和部分稳定结晶氧化锆，有足够的强度，比合金材料有更高的耐热性，能大幅度提高热机的效率，是绝热发动机的关键材料。还有不少与能源利用和转换密切有关的功能材料的突破，将会引起机电产品的巨大变革。

随着科学技术的发展，尤其是材料测试分析技术的不断提高，如电子显微技术、微区成分分析技术等的应用，材料的内部结构和性能间的关系不断被揭示，对于材料的认识也从宏观领域进入微观领域。在认识各种材料的共性基本规律的基础上，正在探索按指定性能来设计新材料的途径。

（4）课程性质与任务

机械工程材料是机械类、机电类及近机械类专业必修的专业基础课程之一，是学生进入专业课学习的知识汇集点与生长点，是学生学习后续课程如机械制造技术、机械基础等的辅助课程，也是学生打开机械工程、材料加工工程大门的一把钥匙。本课程依据高职院校专业人才总体培养目标和规格开设，培养学生具有扎实的理论知识和实践动手能力。本课程内容以应用为主，够用为度，注意更新。充分体现职业教育的针对性、实践性、应用性的特点。其任务是使学生了解工程材料的基础理论和基础知识，掌握常用工程材料的种类、成分、性能和改性方法，以具备合理选用常用工程材料的初步能力，为学习其他相关课程以及今后从事机械加工制造工作奠定必要的基础。

（5）课程目标

根据相关专业学习的要求，通过本课程的教学和培养，学生达到以下目标。

① 知识目标

a. 了解常用工程材料的成分、结构、组织和性能的关系及变化规律。

b. 了解材料的主要机械性能指标：屈服强度、抗拉强度、伸长率、断面收缩率、冲击韧性、疲劳强度、耐磨性等的测试原理和生产实际意义。

c. 掌握常用工程材料种类、牌号、性能及用途。对典型的机械零件、刀具和模具等会合理正确地选用工程材料。

d. 了解材料强化各种方法（固溶强化、细晶强化、变形强化、第二相强化和热处理强化等）及其基本原理。

e. 熟悉材料的组织结构、结晶过程、塑性变形与再结晶的基本理论，为进一步学习热处理和材料选用奠定基础。

f. 了解钢铁材料的热处理基本原理和工艺，以及热处理工艺在零件加工过程中的地位和作用，以便正确选用热处理工艺方法，合理安排工艺路线。

g. 掌握常用的碳钢、铸铁、合金钢、有色金属及其合金的成分、组织、性能和用途；掌握工程塑料、橡胶、陶瓷、复合材料等常用非金属材料的分类、性能和用途，以便合理选用工程材料。

② 能力目标

a. 学会如何在实际加工过程中选择切削与被切削的材料。

b. 会根据实际需要对工件进行合适的热处理。

c. 学会为不同零件或者产品选择合适的材料。

d. 能根据提供的实际加工零件所用的材料进行评价，分析其选材的合理性。

e. 具有正确选择一般零件热处理工艺方法及确定热处理工序位置的能力。

f. 具有对常用工程材料进行工艺性分析的能力。

g. 初步具备分析实际材料成分的能力；并且通过分析多种材料的综合性能，培养学生发现、分析和解决问题的基本方法和手段，加强创新能力的培养。

③ 素质目标

a. 在学习的过程中，要求学生养成严谨、细致、规范的职业习惯。

b. 具有吃苦耐劳精神，具备良好的职业道德，爱岗敬业。

第1章 工程材料的分类与性能

【学习目标】

(1) 熟悉工程材料的分类；

(2) 熟悉材料在使用中应具备的性能；

(3) 了解材料的拉伸试验；

(4) 理解强度、刚度、塑性、韧性、硬度的概念；

(5) 了解金属材料的物理性能及化学性能；

(6) 熟悉金属材料的工艺性能。

1.1 工程材料的分类

工程材料主要是指用于机械、车辆、船舶、建筑、化工、能源、仪器仪表、航空航天等工程领域中的材料，包括用来制造工程构件和机械零件的材料，也包括一些用于制造工具的材料和具有特殊性能（如耐蚀、耐高温等）的材料。

工程材料种类繁多，分类方法也有多种。按材料结合键的性质来分，工程材料可分为金属材料、高分子材料、陶瓷材料、复合材料四类。金属材料主要以金属键结合，高分子材料以分子键和共价键结合，陶瓷材料以离子键、共价键结合，复合材料可由多种结合键组成。

1.1.1 金属材料

金属材料是最重要的工程材料之一，它包括金属和以金属为基的合金。最简单的金属材料是纯金属。工程应用的金属材料原子间的结合键基本上为金属键，且皆为金属晶体材料。工业上把金属和其合金分为两大部分。

(1) 黑色金属

铁及以铁为基的合金。

(2) 有色金属

黑色金属以外的所有金属及其合金。

金属材料
- 黑色金属
  - 非合金钢：碳素结构钢、优质碳素钢、碳素工具钢、易切削结构钢、工程用铸造碳钢
  - 低合金钢：低合金高强度结构钢、低合金耐候钢、低合金专业用钢
  - 合金钢：工程结构用合金钢、机械结构用合金钢、轴承钢、合金工具钢与高速钢、不锈钢与耐热钢、特殊物理性能钢、铸造合金钢
  - 铸铁：白口铸铁、灰铸铁、可锻铸铁、球墨铸铁、蠕墨铸铁、合金铸铁
- 有色金属
  - 铜及其合金：纯铜、黄铜、白铜、青铜
  - 铝及其合金：纯铝、变形铝合金、铸造铝合金
  - 轴承合金：锡基轴承合金、铅基轴承合金、其他轴承合金
  - 钛及其合金：纯钛、钛合金
  - 其他有色金属

1.1.2 高分子材料

高分子材料为有机合成材料，亦称聚合物。它具有较高的强度，良好的塑性，较强的耐腐蚀性能，很好的绝缘性以及密度低等优良性能，在工程上是发展最快的一类新型结构材料。

高分子材料是由大量相对分子质量特别大的大分子化合物组成的，每个大分子皆包含大量结构相同、相互连接的链节。有机物质主要以碳元素（通常还有氢）为其结构组成，在大多数情况下它构成大分子的主链。大分子内的原子之间由很强的共价键结合，而大分子与大分子之间的结合力为较弱的范德华力。工程上通常根据力学性能和使用状态将其分为四大类：塑料、合成纤维、橡胶、胶黏剂。

1.1.3 陶瓷材料

陶瓷是由一种或多种金属元素与一种非金属元素（通常为氧）组成的化合物。它的硬度很高，但脆性很大。陶瓷材料属于无机非金属材料，主要为金属氧化物和金属非氧化物。由于大部分无机非金属材料含有硅和其他元素的化合物，所以又叫做硅酸盐材料。它一般包括无机玻璃（硅酸盐玻璃）、玻璃陶瓷（或称微晶玻璃）和陶瓷等三类。

1.1.4 复合材料

复合材料是两种或两种以上不同材料的组合材料，其性能优于它的任一组成材料。复合材料可以由各种不同种类的材料复合组成，所以它的结合键非常复杂。它在强度、刚度和耐蚀性方面比单纯的金属、陶瓷和聚合物都优越，是一类特殊的工程材料，具有广阔的发展前景。

1.2 工程材料的性能

材料的性能，是指用来表征材料在给定外界条件下的行为参量，当外界条件发生变化时，同一种材料的某些性能也会随之变化。通常所指金属材料的性能包括以下两个方面，如图 1-1 所示。

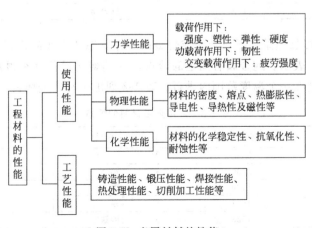

图 1-1 金属材料的性能

（1）使用性能

即为了保证零件、工程构件或工具等的正常工作，材料所应具备的性能。它包括力学、物理、化学等方面的性能。金属材料的使用性能决定了其应用范围、安全可靠性和使用寿命等。

（2）工艺性能

即反映材料在被制成各种零件、构件和工具的过程中，材料适应各种冷、热加工的性能。主要包括铸造、压力加工、焊接、切削加工、热处理等方面的性能。

1.2.1 物理性能

金属材料的物理性能是指材料在各种物理现象（如导电、导热、熔化等）中所表现出来的属性。

（1）密度和熔点

① 密度 物质单位体积所具有的质量称为密度。材料的密度对设计和制造过程中的选材有重要的意义，如何减少自身质量、增加承载能力，密度是需要重点考虑的因素之一。例如，飞机上的许多零件及构件都要选用密度较小的铝合金或镁合金来制造。人们一般把密度小于 $5 \times 10^3 \, kg/m^3$ 的金属称为轻金属，而密度大于 $5 \times 10^3 \, kg/m^3$ 的金属称为重金属。材料的抗拉强度与密度之比称为比强度。比强度高的材料不但强度高，而且质量小，这对于高速运转的零件、要求自重轻的运输机械或工程结构件等具有重要意义。

在生产中常利用密度通过测量体积来计算不能直接称量的大型工件或估算毛坯用料的质量。在热加工中常常利用金属的密度不同来去除液态金属中的杂质。常用金属材料的密度见表 1-1。

表 1-1 常用金属材料的密度

金属材料	密度 $\rho/(g/cm^3)$	金属材料	密度 $\rho/(g/cm^3)$
镁	1.74	铅	11.43
铝	2.70	灰铸铁	6.80～7.40
钛	4.51	碳钢	7.80～7.90
锌	7.13	黄铜	8.50～8.60
锡	7.30	青铜	7.50～8.90
铁	7.78	铝合金	2.50～2.84
铜	8.96	镁合金	1.75～1.85
银	10.49	钛合金	4.50

② 熔点 在缓慢加热条件下，金属或合金由固体状态变成液体状态时的温度称为熔点，常用摄氏温度（℃）表示。纯金属有固定的熔点，即其熔化过程是在恒定的温度下进行的，而合金的熔化过程则在一个温度范围内进行。表 1-2 列出了常用金属材料的熔点。

表 1-2 常用金属材料的熔点

金属材料	熔点/℃	金属材料	熔点/℃
钨	3380	银	961
钼	2630	铝	660
钒	1900	铅	327
钛	1677	锡	232
铁	1538	铸铁	1148～1279
铜	1083	碳素钢	1450～1500
金	1063	铝合金	447～575

不同熔点的金属有不同的用途，熔点高的金属称为难熔金属（如钨、钼、钒等），常用

于制造耐高温零件，例如选用钨做灯丝，防止灯丝因温度升高而熔化；熔点低的金属称为易熔金属（如锡、铅等），常用于制造保险丝等，保护电器设备不会因电流突然增大而烧坏。此外，熔点对于材料的成型和热处理工艺十分重要。铸造和焊接等工艺必须加热到金属的熔点才能实现，热处理工艺中加热温度的选择、压力加工时锻造温度范围的选择等也要考虑金属材料的熔点。

（2）热学性能

① 导热性 材料传导热量的能力称为导热性，即在一定温度梯度作用下热量在固体中的传导速率。各种材料的导热性是不同的。对金属材料来说，通常情况下金属越纯，其导热性越好，在金属中即使含有少量杂质，也会显著地影响它的导热性。因此，合金钢的导热性都比碳素钢差。

材料导热性的好坏用热导率 λ 表示。热导率越大，材料的导热性越好。金属的导热能力以银为最好，铜、铝次之。常用材料的热导率见表1-3。

表 1-3 常用材料的热导率

材料	热导率 λ/[W/(m·K)]	材料	热导率 λ/[W/(m·K)]
银	419	Al_2O_3	30(100℃)
铜	393	TiC	25(100℃)
铝	222	石英玻璃	2(100℃)
镍	91	尼龙66	2.90
铁	75	聚乙烯	0.33
钛	22	聚四氟乙烯	0.24
碳素钢	67(100℃)		

② 线胀系数 材料随着温度升高而体积增大的性质称为热膨胀性。物质都有受热则体积膨胀，而受冷则体积收缩的性能，各种材料的热膨胀性是不同的，一般用线胀系数来表示。其计算公式为

$$\alpha_1 = \frac{l_2 - l_1}{l_1 t} \tag{1-1}$$

式中　l_1——膨胀前长度，m；

　　　l_2——膨胀后长度，m；

　　　t——升高的温度，℃；

　　　α_1——线胀系数，1/℃。

表1-4所列的是常用材料的线胀系数。

表 1-4 常用材料的线胀系数（0～100℃）

材料	线胀系数 $\alpha_1/(10^{-6}/℃)$	材料	线胀系数 $\alpha_1/(10^{-6}/℃)$
铝	23.6	不锈钢	16.0
铅	29.3	黄铜	17.8～20.9
锡	23.0	青铜	17.6～18.2
铜	17.0	铸铁	8.7～17.6
铁	11.8	三氧化二铝	7.6
钛	8.2	石英玻璃	0.4
镍	13.3	氧化镁	13.5
钨	4.5	聚乙烯	11.0～18.0
碳素钢	10.6～13.0		

（3）导电性

材料传导电流的性能称为导电性。电导率、电阻率或电阻都可用来表示材料的导电性。材料的电导率 σ 的计算公式为

$$\sigma = \frac{1}{\rho} = \frac{1}{\frac{S}{L}R} = \frac{L}{SR} \tag{1-2}$$

式中　ρ——电阻率，$1/(\Omega \cdot m)$；

　　　S——导体横截面面积，m^2；

　　　R——电阻，Ω；

　　　L——导体长度，m。

电导率越大，材料的导电性越好。绝缘体的电导率为 $1 \times 10^{-16} \sim 1 \times 10^{-10} \Omega \cdot m$，而导体的电导率为 $1 \times 10^{6} \Omega \cdot m$。一般说来，金属材料都是导体，具有较好的导电性，其中银最好，其次是铜、铝。工业上常用导电性好的铜、铝或它们的合金制作导电结构材料，而用导电性差的金属制作高电阻材料，如用镍铬合金和铬铁铝合金等制作电热元件或电热零件。而高分子材料和陶瓷都是绝缘体，可制作高压线的瓷绝缘子和电线的塑料包套等，还可作为电介质应用于电容器等器件中。但随着温度的升高，绝缘体的导电性也会逐渐加大。

1.2.2　化学性能

材料的化学性能是指金属对周围介质侵蚀的抵抗能力。例如：金在潮湿的空气中经久不锈，而铁却会生红锈，铜会生绿锈，铝会生白点。有些金属在高温时会生成厚厚的一层氧化皮，而耐热钢却不会产生氧化皮。这些现象都反映出不同材料的化学稳定性是不同的。材料的化学性能包括耐蚀性和抗氧化性。

（1）耐蚀性

材料在常温下对大气、水蒸气、酸及碱等介质腐蚀的抵抗能力称为耐蚀性。上述的铁生红锈、铜生绿锈、铝生白点等都是金属的腐蚀现象。

腐蚀对金属材料的危害性极大。腐蚀不仅使金属材料本身受到损失，严重时还会使金属结构遭到破坏以及引起重大伤亡事故。因此，提高金属材料的耐蚀性，对于降低金属的消耗，延长金属材料的使用寿命，具有现实意义。

高分子材料的耐蚀性很高，它们耐水、无机试剂、酸和碱的腐蚀。尤其是被誉为塑料之王的聚四氟乙烯，不仅耐强酸、强碱等强腐蚀剂，甚至在沸腾的王水中也很稳定。

陶瓷对酸、碱、盐等腐蚀性很强的介质均有较强的抵抗能力，与许多金属的熔体也不发生作用，所以是很好的坩埚材料。

（2）抗氧化性

材料在高温下对周围介质中的氧与其作用而损坏的抵抗能力称为抗氧化性。

有些金属材料在高温下易与氧作用，表面生成氧化层。如果氧化层很致密地覆盖在金属表面，则可以隔绝氧气，使金属内层不再发生氧化；若氧化皮很疏松，则将继续向金属内层氧化，金属表面将会因氧化层剥落而损坏，甚至使工件报废。例如在焊接时，焊接区温度较高，空气中的氧和氮会大量侵入熔化金属，将金属铁和有益元素碳、硅、锰等氧化和氮化成各种化合物，并留在焊缝中，造成焊缝夹渣；而溶入的气体可能使焊缝产生大量气孔，这样焊缝的力学性能将大大降低。此外，锻造、热处理加热时也会造成钢的氧化、脱碳，因此在焊接或锻造、热处理加热过程中要加以保护。对于长期在高温下工作的机器零件，应采用抗

氧化性好的材料来制造。

陶瓷的化学稳定性非常高，一般不和介质中的氧发生作用，即使在 1000℃ 以上的高温中也是如此，所以是很好的耐火材料。

1.2.3 力学性能

金属材料的力学性能是多数机械设备或工具设计与制造的重要参数。金属材料在进行各种加工以及制成零件或工具后的使用过程中，都要受到各种外力的作用。金属材料所受的外力称为载荷，根据载荷对金属材料作用的方式、速度、持续性等可将载荷分为：静载荷，大小不变或变化过程缓慢的载荷；冲击载荷，突然增加的载荷；交变载荷，大小和方向随时间而周期性变化的载荷。

金属材料在外力作用下所显示的与弹性和非弹性反应相关或涉及应力-应变关系的性能称为力学性能，材料的力学性能主要是指强度、刚度、塑性、韧性、硬度等。

（1）强度

强度是指材料在外力作用下抵抗永久变形和断裂的能力。根据外力的作用方式，有多种强度指标，如抗拉强度、抗弯强度、抗剪强度等。其中以拉伸实验所得强度指标的应用最为广泛。它是把一定尺寸和形状的金属试样（图1-2）装夹在实验机上，然后对试样逐渐施加拉伸载荷，直至把试样拉断为止，根据试样在拉伸过程中承受的载荷和产生的变形量之间的关系，可测出该金属的拉伸曲线（图1-3）。在拉伸曲线上可以确定以下性能指标。

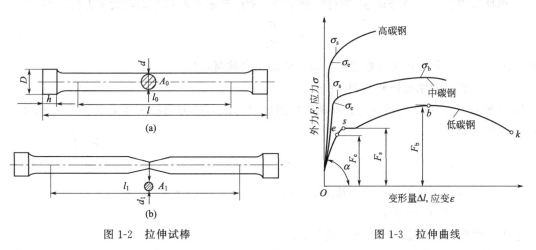

图 1-2 拉伸试棒　　　　　　　　　　图 1-3 拉伸曲线

① 拉伸试验　金属的强度、塑性一般可通过金属拉伸试验来测定。GB/T 228—2002 规定了拉伸试验的方法和制作标准。在试验时，金属材料制作成一定的尺寸和形状［图1-2（a）］，将拉伸试样装夹在拉伸试验机上，对试样施加拉力，在拉力不断增加的过程中，观察试样的变化，直至把试样拉断。根据试样在拉伸过程中承受的载荷与产生的变形量（这里指试样伸长量）之间的关系，可绘出该金属的力-伸长量之间的曲线，并由此表征该金属的强度及塑性。

② 应力-应变曲线（σ-ε 曲线）　无论是何种材料，在载荷的作用下，都要产生一些变化，称之为变形。最明显的是，一根橡皮筋受拉变长，去除拉力后又恢复了原样；但若是一根铁丝，可以很容易将其弯曲，但卸载后，弯曲形状还会保持。能恢复的变形称为弹性变形，不能恢复的变形称为塑性变形。显然，不同材料，发生弹性变形、塑性变形的难易程度

不同。载荷与绝对变形的关系可用来评价材料的变形能力，但其中含有尺寸因素的影响。工程上，常用应力与应变间的关系来衡量材料的变形能力。

应力：试样单位面积上承受的载荷。这里用承受的载荷 F 除以试样的原始横截面积 S_0 表示，单位常用 Pa 或 MPa。

$$\sigma = \frac{F}{S_0} \tag{1-3}$$

式中　F——试样所承受的载荷，N；

　　　S_0——试样的原始横截面积，mm^2。

应变：试样单位长度的伸长量。这里用试样的伸长量 Δl 除以试样的原始标距 l_0 表示。即

$$\varepsilon = \frac{\Delta l}{l_0} \tag{1-4}$$

式中　Δl——试样标距长度的伸长量，mm；

　　　l_0——试样的原始标距长度，mm。

不同材料的拉伸曲线形状有很大差别。如低碳钢等材料，在断裂前有明显塑性变形的断裂称为韧性断裂；而灰铸铁、淬火高碳钢等材料，在断裂前塑性变形量很小，甚至不发生塑性变形的断裂称为脆性断裂。

③ 强度指标　金属材料的强度指标根据其变形特点可分为以下几个。

a. 弹性极限 σ_e。弹性极限 σ_e 指材料开始产生塑性变形时所承受的最大应力值，即

$$\sigma_e = \frac{F_e}{S_0} \tag{1-5}$$

式中　F_e——材料开始产生塑性变形时所承受的最大载荷，N；

　　　S_0——试样的原始横截面积，mm^2。

b. 屈服点 σ_s 和屈服强度 $\sigma_{0.2}$。材料产生屈服时的最低应力值称为屈服点，以 σ_s 表示，单位为 MPa。即

$$\sigma_s = \frac{F_s}{S_0} \tag{1-6}$$

式中　F_s——金属开始发生明显塑性变形时的最小载荷，N；

　　　S_0——试样的原始横截面积，mm^2。

它表示材料产生明显塑性变形时的抗力。

当载荷（应力）增加到 $F_s(\sigma_s)$ 时，拉伸曲线（应力-应变曲线）在 s 点后出现近于水平阶段，表现载荷不变时，试样仍显继续伸长，这种现象称为屈服。屈服现象之后，试样又随载荷的增加而增长，产生比较均匀的塑性变形，称为均匀塑性变形；由于较大的塑性变形伴随着形变强化现象，又称之为强化阶段。

有些材料（如高碳钢、铸铁）在进行拉伸试验时没有明显的屈服现象，通常规定试样产生 0.2% 残余应变时的应力值为该材料的条件屈服强度，以 $\sigma_{0.2}$ 表示，单位为 MPa，又称为屈服强度。

屈服点（屈服强度）是工程技术最重要的力学性能指标之一。一般机械零件或工程构件在使用中不允许产生过量的塑性变形，因而在设计和选材时常以 σ_s 为依据。

许用应力 $[\sigma] = \dfrac{\sigma_s}{n}$（其中 n 为安全系数）

屈服强度 $\sigma_{0.2}$ 为试样标距部分产生 0.2%残余伸长时的应力值，即

$$\sigma_{0.2}=\frac{F_{0.2}}{S_0} \tag{1-7}$$

式中 $F_{0.2}$——金属开始发生 0.2%残余伸长时的载荷，N；

S_0——试样的原始横截面积，mm^2。

c. 抗拉强度 σ_b。抗拉强度 σ_b 也叫强度极限，指金属材料在拉伸时所能承受的最大应力值，即

$$\sigma_b=\frac{F_b}{S_0} \tag{1-8}$$

式中 F_b——金属材料在拉伸时所能承受的最大载荷，N；

S_0——试样的原始横截面积，mm^2。

它表示材料对最大均匀变形的抗力。根据变形情况可知，σ_b 是材料发生最大均匀变形的抗力。是材料在拉伸条件下所能承受的最大载荷的应力值。这个值是设计和选材的主要依据之一，也是材料主要力学性能指标之一，对于没有塑性变形的材料尤为重要。

（2）刚度

刚度是指材料在受力时抵抗弹性变形的能力，它表征了材料弹性变形的难易程度。材料的刚度通常用弹性模量 E 来衡量。

材料在弹性范围内，应力与应变 ε 的关系服从胡克定律：$\sigma=E\varepsilon$。ε（或 γ）为应变，即单位长度的变形量，$\varepsilon=\dfrac{\Delta l}{l}$。

弹性模量 $E=\sigma/\varepsilon$，由图 1-3 可以看出，弹性模量是拉伸曲线上的斜率，即 $\tan\alpha=E$，斜率越大，弹性模量越大，弹性变形越不容易进行。因此 E、G 是表示材料抵抗弹性变形能力衡量材料"刚度"的指标。弹性模量越大，材料的刚度越大，即具有特定外形尺寸的零件或构件保持其原有形状与尺寸的能力也越大。

弹性模量的大小主要取决于金属键，与显微组织的关系不大。合金化、热处理、冷变形等对它的影响很小。生产中一般不考虑也不检验它的大小，基体金属一经确定，其弹性模量就基本上定了。在材料不变的情况下，只有改变零件的截面尺寸或结构，才能改变它的刚度。

在设计机械零件时，要求刚度大的零件，应选用具有高弹性模量的材料。钢铁材料的弹性模量较大，所以对要求刚度大的零件，通常选用钢铁材料。例如镗床的镗杆应有足够的刚度，如果刚度不足，当进给量大时，镗杆的弹性变形就会大，镗出的孔就会偏小，因而影响加工精度。

要求在弹性范围内对能量有很大吸收能力的零件（如仪表弹簧），一般使用软弹簧材料铍青铜、磷青铜制造，应具有极高的弹性极限和低的弹性模量。

（3）塑性

金属材料在拉伸断裂前发生塑性变形的能力称为塑性。塑性指标主要是断后伸长率 δ 和断面收缩率 ψ。

① 断后伸长率 δ 断后伸长率 δ 是指试样拉断后标距的伸长量 Δl 与原始标距 l_0 的百分比，即

$$\delta=\frac{\Delta l}{l_0}=\frac{l_1-l_0}{l_0}\times100\% \tag{1-9}$$

式中 l_1——试样拉断后的标距，mm；

l_0——试样的原始标距，mm。

试样的标距长度对金属材料的断后伸长率 δ 是有影响的。试样分长、短两种：长试样是指标距长度为直径的 10 倍的试样；短试样是指标距长度为直径的 5 倍的试样。它们测得的结果分别用 δ_{10} 和 δ_5 表示，并且 $\delta_{10} < \delta_5$。习惯上 δ_{10} 也常写成 δ。

② 断面收缩率 ψ　断面收缩率 ψ 是指试样拉断后横截面积的缩减量与原始横截面积的百分比，即

$$\psi = \frac{\Delta S}{S_0} = \frac{S_0 - S_1}{S_0} \times 100\% \qquad (1\text{-}10)$$

式中　S_1——试样拉断后断裂处的最小横截面积，mm^2；

S_0——试样的原始横截面积，mm^2。

金属材料的断后伸长率 δ 和断面收缩率 ψ 越大，说明该材料的塑性变形量越大，即塑性越好。金属材料的塑性是决定其能否进行塑性加工的必要条件；塑性好的金属材料在使用中偶尔受载荷过大，可以通过产生塑性变形来避免突然断裂，在一定程度上保证了机械零件的工作安全，增加了安全可靠性。铸铁的塑性几乎为零，所以不能进行塑性加工。

③ 塑性的意义　δ 和 ψ 的数值越大，表明材料的塑性越好。塑性良好的金属可进行各种塑性加工，同时使用安全性也较好。

$\delta < 5\%$　　　　　属脆性材料

$\delta \approx 5\% \sim 10\%$　　属韧性材料

$\delta > 10\%$　　　　属塑性材料

（4）韧性

金属在断裂前吸收变形能量的能力称为韧性。金属的韧性通常随加载速度的提高、温度的降低、应力集中程度的加剧而减小。目前常用冲击实验（一次摆锤冲击实验）来测定金属材料的韧性，它利用的是能量守恒原理：试样被冲断过程中吸收的能量等于摆锤冲击试样前、后的势能差。

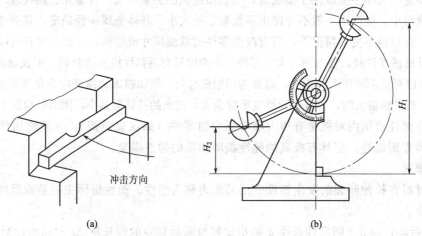

图 1-4　冲击实验示意图

冲击实验：将待测的金属材料加工成标准试样，然后放在试验机的支座上，放置时标准试样缺口应背向摆锤的冲击方向，如图 1-4 所示。再将具有一定质量 G 的摆锤升至一定的高度 H_1［图 1-4(b)］，使其获得一定的初始势能（GH_1），然后使摆锤落下，将标准试样冲

断。摆锤剩余势能为 GH_2。试样被冲断时所吸收的能量即摆锤冲击试样所做的功，称为冲击吸收功，即

$$A_K = GH_1 - GH_2 = G(H_1 - H_2) \tag{1-11}$$

式中　A_K——冲击吸收功，J；

　　GH_1——摆锤初始势能，J；

　　GH_2——摆锤剩余势能，J；

　　　G——摆锤重量，N；

　　H_1——摆锤初始高度，m；

　　H_2——冲断标准试样后，摆锤回升高度，m。

冲击韧度是指冲击标准试样缺口处单位横截面面积上的冲击吸收功，其计算公式为

$$\alpha_K = \frac{A_K}{S_0} \tag{1-12}$$

式中　α_K——冲击韧度，J/cm^2；

　　A_K——冲击吸收功，J；

　　S_0——标准试样缺口处横截面面积，cm^2。

冲击韧度越大，表示材料的韧性越好。实践表明，承受冲击载荷的机械零件，很少因一次大能量冲击而破坏，绝大多数是在一次冲击不足以使零件破坏的小能量多次冲击作用下而破坏的，如凿岩机风镐上的活塞、冲模的冲头等。它们的破坏是由于多次冲击损伤的积累导致裂纹的产生与扩展，根本不同于一次冲击的破坏过程。对于这样的零件，用冲击韧度来设计显然是不切合实际的。研究结果表明：材料的多次冲击抗力取决于材料的强度和塑性的综合性能。冲击能量小时，材料的多次冲击抗力主要取决于材料的强度；冲击能量大时，则主要取决于材料的塑性。

（5）硬度

硬度是衡量金属软硬程度的一种性能指标，是指金属抵抗局部变形，特别是塑性变形、压痕或划痕的能力。

硬度试验和拉伸试验都是在静态力下测定材料力学性能的方法。硬度试验由于其基本上不损伤试样，简便迅速，不需要制作专门试样，而且可以直接在工件上进行测试，因而在生产中被广泛应用。拉伸试验虽能准确地测出金属的强度、塑性，但属于破坏性试验，因而在生产中不如硬度试验应用广泛。硬度是一项综合力学性能指标，从金属表面的局部压痕即可反映出材料的强度和塑性，因此在零件图上常常标注各种硬度指标，以作为技术要求。硬度值的高低对机械零件的耐磨性有直接影响，一般情况下钢的硬度值愈高，其耐磨性亦愈高。

硬度测定方法有压入法、划痕法、回弹高度法等，其中压入法的应用最为普遍。压入法是在规定的静态试验力作用下，将压头压入金属材料表面层，然后根据压痕的面积大小或深度测定其硬度值。这种评定方法称为压痕硬度。在压入法中根据试验力、压头和表示方法的不同，常用的硬度测试方法有布氏硬度（HBW）、洛氏硬度（HRA、HRB、HRC 等）和维氏硬度（HV）。

① 布氏硬度　布氏硬度的试验原理是用一定直径的硬质合金球，以规定的试验力压入试样表面，经规定的保持时间后，去除试验力测量试样表面的压痕直径 d，然后根据压痕直径 d 计算其硬度值，如图 1-5 所示。布氏硬度值是用球面压痕单位面积上所承受的平均压力表示。

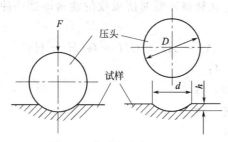

图 1-5　布氏硬度实验原理

目前，金属布氏硬度试验方法执行 GB/T 231.1—2002 标准，用符号 HBW 表示。本标准规定的布氏硬度试验范围上限为 650HBW。

布氏硬度值可用下式计算

$$\text{HBW} = 0.102 \times \frac{2F}{\pi D(D - \sqrt{D^2 - d^2})} \qquad (1\text{-}13)$$

式中　F——试验力，N；

　　　D——压头的直径，mm；

　　　d——压痕的直径，mm。

式中只有 d 是变数，因此试验时只要测量出压痕直径 d（mm），就可通过计算或查布氏硬度表得出 HBW 值。布氏硬度计算值一般都不标出单位，只写明硬度的数值。

由于金属有硬有软，工件有厚有薄，因此在进行布氏硬度试验时，压头直径 D（有 10mm、5mm、2.5mm 和 1mm 四种）、试验力和保持时间应根据被测金属种类和厚度正确地进行选择。

布氏硬度的标注方法是，测定的硬度值应标注在硬度符号 HBW 的前面。除了保持时间为 10～15s 的试验条件外，在其他条件下测得的硬度值，均应在硬度符号 HBW 的后面用相应的数字注明压头直径、试验力大小和试验力保持时间。例如：

150HBW10/1000/30 表示：用直径为 10mm 的硬质合金球，在 1000kgf(9.807kN) 试验力作用下保持 30s 测得的布氏硬度值为 150。

500HBW5/750 表示：用直径为 5mm 的硬质合金球，在 750kgf(7.355kN) 试验力作用下保持 10～15s 测得的布氏硬度值。一般试验力保持时间为 10～15s 时都不需标明。

布氏硬度试验的特点是试验时金属表面压痕大，能在较大范围内反映材料的平均硬度，测得的硬度值比较准确，数据重复性强。但由于其压痕大，对金属表面的损伤也较大，因此不宜测定太小或太薄的试样。

② 洛氏硬度　洛氏硬度的试验原理是以锥角为 120° 的金刚石圆锥体或直径为 1.588mm 的淬火钢球压入试样表面，如图 1-6 所示。试验时，先加初试验力，然后加主试验力，压入试样表面之后，去除主试验力，在保留初试验力的情况下，根据试样残余压痕深度增量来衡量金属试样的硬度大小。

在图 1-6 中，0—0 位置为金刚石压头还没有与金属试样接触时的原始位置。当加上初试验力 F_0 后，压头压入试样中，深度为 h_0，处于 1—1 位置。再加主试验力 F_1，使压头又压入试样的深度为 h_1，处于图中 2—2 位置。然后去除主试验力，保持初试验力，压头因金属的弹性恢复在图中处于 3—3 位置。图中所示 e 值，称为残余压痕深度增量，对于洛氏硬度试验其单位为 0.002mm。标尺刻度满量程 k 值与 e 值之差，称为洛氏硬度值。根据压头

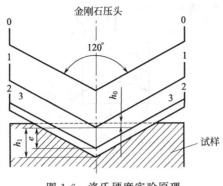

图 1-6 洛氏硬度实验原理

和试验力的不同，洛氏硬度常用 A、B、C 三种标尺。洛氏硬度的计算式为

$$HR = k - e = k - 压痕深度/0.002 \tag{1-14}$$

式中压痕深度的单位为 mm。

对于用金刚石圆锥压头进行的试验，其标尺刻度满量程为 100，洛氏硬度值为 $100 - e$。

对于用淬火钢球压头进行的试验，其标尺刻度满量程为 130，洛氏硬度值为 $130 - e$。

洛氏硬度根据试验时选用的压头类型和试验力大小的不同分别采用不同的标尺进行标注。根据 GB/T 230—1991 规定，硬度数值写在符号 HR 的前面，HR 后面写使用的标尺，如 50HRC 表示用"C"标尺测定的洛氏硬度值为 50。

洛氏硬度试验是生产中广泛应用的一种硬度试验。其特点是：硬度试验压痕小，对试样表面损伤小，常用来直接检验成品或半成品的硬度；试验操作简便，可以直接从试验机上显示出硬度值，省去了繁琐的测量、计算和查表等工作。但是，由于压痕小，硬度值的准确性不如布氏硬度，因此在测试洛氏硬度时通常都选取不同位置的三点测出硬度值，再计算平均值作为被测金属的硬度值。

③ 维氏硬度 布氏硬度试验不适合测定硬度较高的金属。洛氏硬度试验虽可用来测定各种金属的硬度，但由于采用了不同的压头、总试验力和标尺，其硬度值之间彼此没有联系，因此不能直接换算。为了从软到硬对各种金属进行连续一致的硬度标定，人们制定了维氏硬度试验法。

维氏硬度的测定原理与布氏硬度基本相似，如图 1-7 所示：将夹角为 136° 的正四棱锥体金刚石作为压头，试验时在规定的试验力（49.03～980.7N）作用下，压入试样表面，经规定保持时间后，卸除试验力，则试样表面上压出一个正四棱锥形的压痕，测量压痕两对角线的平均长度，计算硬度值。维氏硬度值是用正四棱锥形压痕单位表面积上承受的平均压力表示的，用符号 HV 表示。维氏硬度的计算式为

$$HV = 0.1891 \frac{F}{d^2} \tag{1-15}$$

式中 F——试验力，N；

d——压痕两条对角线长度的算术平均值，mm。

试验时，用测微计测出压痕的对角线长度，算出两对角线长度的平均值后，经计算或查表就可得出维氏硬度值。

维氏硬度的测量范围在 5～1000HV。标注方法与布氏硬度相同，硬度数值写在符号 HV 的前面，试验条件写在符号 HV 的后面。对于钢及铸铁，当试验力保持时间为 10～15s

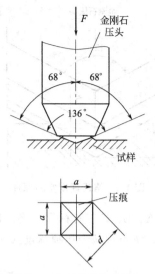

图 1-7　维氏硬度实验原理

时，可以不标出。例如：

640HV30 表示：用 30kgf(294.2N) 试验力保持 10～15s 测定的维氏硬度值为 640。

640HV30/20 表示：用 30kgf(294.2N) 试验力保持 20s 测定的维氏硬度为 640。

维氏硬度适用范围宽，从软的材料到硬的材料都可以测量。此方法尤其适用于零件表面层硬度的测量，如化学热处理的渗层硬度测量，其测量结果精确可靠。但测取维氏硬度值时需要测量对角线长度，然后查表或计算，而且试样表面的质量要求高，因而测量效率较低，没有测试洛氏硬度方便，不适用于大批测试，也不适合测量组织不均匀的材料（如灰铸铁）。

1.2.4　工艺性能

工艺性能是指金属在制造机械零件和工具的过程中，适应各种冷、热加工的性能，也就是说采用某种加工方法制成成品的难易程度。它包括铸造性能、锻造性能、焊接性能、热处理性及切削加工性能等。例如，某种金属材料采用焊接方法容易得到合格的焊件，那么该种材料的焊接工艺性能就好。工艺性能直接影响制造零件的加工质量，同时也是选择金属材料时必须考虑的因素之一。

（1）铸造性能

金属在铸造成形过程中获得外形准确、内部健全铸件的能力称为铸造性能。铸造性能包括流动性、吸气性、收缩性和偏析等。在金属材料中灰铸铁和青铜的铸造性能较好。

（2）锻造性能

金属利用锻压加工方法成形的难易程度称为锻造性能。锻造性能的好坏主要同金属的塑性和变形抗力有关。塑性越好，变形抗力越小，金属的锻造性能就越好。例如，单相黄铜和变形铝合金在室温下就具有良好的锻造性能；非合金钢在加热状态下锻造性能较好；而铸钢、铸铝、铸铁等几乎不能锻造。

（3）焊接性能

焊接性能是指金属在限定的施工条件下被焊接成符合设计要求的构件，并满足预定服役要求的能力。焊接性能好的金属能获得没有裂缝、气孔等缺陷的焊缝，并且焊接接头具有一定的力学性能。低碳钢具有良好的焊接性能，而高碳钢、不锈钢、铸铁的焊接性能则较差。

（4）切削加工性能

切削加工性能是指金属在切削加工时的难易程度。切削加工性能好的金属对使用的刀具磨损量小，刀具可以允许选用较大的切削用量，加工表面也比较光洁。切削加工性能与金属的硬度、导热性、冷变形强化等因素有关。金属硬度在 170～260HBW 时，最易切削加工。铸铁、铜合金及非合金钢都具有较好的切削加工性能，而高合金钢的切削加工性能则较差。

【小结】　本章主要介绍了金属材料的分类及其金属材料的一些性能指标的分类、含义、使用范围等内容。在学习之后注意以下几个方面：第一，要准确理解有关名词的定义和范围。第二，要学会利用掌握的知识对日常生活中的现象进行思考和分析，试一试能否用学到的理论知识对遇到的问题或现象进行科学的解释。第三，工程材料课程内容复杂，涉及的知识面广，为了巩固所学的知识，要学会对所学的知识进行分类、归纳和整理，提高学习效率。第四，掌握重点内容，本章的重点是金属的力学性能部分。

习　题

1. 名词解释

（1）力学性能　（2）强度　（3）抗拉强度　（4）断后伸长率　（5）塑性　（6）韧性
（7）刚度　（8）金属的物理性能　（9）金属的化学性能　（10）金属的工艺性能

2. 选择题

（1）拉伸试验时，试样拉断前能承受的最大标称应力称为材料的（　　）。
A. 屈服点　　　　B. 抗拉强度　　　　C. 弹性极限
（2）测定淬火钢件的硬度，一般常选用（　　）来测试。
A. 布氏硬度计　　B. 洛氏硬度计　　　C. 维氏硬度计
（3）作疲劳试验时，试样承受的载荷为（　　）。
A. 静态力　　　　B. 冲击载荷　　　　C. 循环载荷
（4）金属抵抗永久变形和断裂的能力，称为（　　）。
A. 硬度　　　　　B. 塑性　　　　　　C. 强度
（5）金属的（　　）越好，则其锻造性能也越好。
A. 强度　　　　　B. 塑性　　　　　　C. 硬度

3. 判断题

（1）1kg 钢和 1kg 铝的体积是相同的。　　　　　　　　　　　　　　　　（　　）
（2）金属的电阻率越大，导电性也越好。　　　　　　　　　　　　　　　（　　）
（3）所有的金属都具有磁性，都能被磁铁所吸引。　　　　　　　　　　　（　　）
（4）塑性变形能随载荷的去除而消失。　　　　　　　　　　　　　　　　（　　）
（5）所有金属在拉伸试验时都会出现显著的屈服现象。　　　　　　　　　（　　）
（6）当布氏硬度试验的试验条件相同时，若压痕直径越小，则金属的硬度也越低。
　　　　　　　　　　　　　　　　　　　　　　　　　　　　　　　　　（　　）
（7）洛氏硬度值是根据压头压入被测金属的残余压痕深度增量来确定的。　（　　）

4. 简答题

（1）何谓金属材料的力学性能？常用的力学性能指标有哪些？
（2）测量金属硬度常用哪些试验方法？怎样选择适宜的硬度试验？
（3）工程材料的性能包括哪几个方面？

（4）材料的工艺性能包括哪些方面？

（5）在什么工作条件下，屈服点、抗拉强度、疲劳强度是设计中最有用的数据？

5. 计算题

（1）拉伸试样的原标距长度为 50mm，直径为 10mm，拉断后对接试样的标距长度为 79mm，缩颈区的最小直径为 4.9mm，求其伸长率和断面收缩率。

（2）有一钢试样，其原始直径为 10mm，原始标距长度为 50mm，当拉伸力达到 18840N 时试样产生屈服现象。拉伸力加至 36110N 时，试样产生缩颈现象，然后被拉断。试样拉断后的标距长度为 73mm，直径为 67mm，求试样的 σ_s、σ_b、δ_s 和 ψ。

第 2 章　金属的晶体结构与结晶

【学习目标】

（1）掌握金属结晶、晶体的基本概念；

（2）熟悉常见典型金属及合金的晶体结构；

（3）掌握实际金属的晶体结构以及晶体缺陷；

（4）掌握金属的结晶过程及其影响因素；

（5）熟悉金属的同素异构性及其转变。

我们所说的物质是由原子组成的。根据原子在物质内部的排列方式不同，可将固态物质分为晶体和非晶体两大类。凡内部原子呈规则排列的物质称为晶体，如所有固态金属都是晶体；凡内部原子无规则排列的物质称为非晶体，如松香、玻璃等都是非晶体。晶体与非晶体不同，晶体具有一定的熔点、规则的几何外形及各向异性。

金属原子结构特点是原子最外层电子数很少，这些最外层电子很容易脱离原子核的引力，成为自由电子，同时使原子成为正离子。大量金属原子聚集在一起构成固态金属时，绝大多数原子会失去其最外层电子而成为正离子；脱离原子核束缚的自由电子在各正离子之间自由运动，并为整个金属原子所共有，形成“电子云”。金属晶体就是依靠各正离子和电子云之间的静电引力牢固地结合在一起的。这种共有化的电子和正离子以静电引力结合起来就是形成所谓的金属键。

金属键理论能较好地解释固态金属的下述特性：由于金属中存在大量自由电子，在外加电场作用下自由电子作定向流动，形成电流，故金属具有良好导电性；随着温度升高，作热运动的正离子的振动频率和振幅增加，自由电子定向运动的阻力增大，所以电阻率增高，即具有正的电阻温度系数；各种固体是靠其原子（分子或离子）的振动而传递热能的，而金属固体除正离子振动传热之外，其自由电子运动也能传热，所以金属导热性一般比非金属好；金属在外力作用下，各部分原子发生相对移动而改变形状时，正离子与自由电子间仍保持金属键结合而不被破坏，故显示出良好的可锻性。

金属材料的性能与其内部的晶体结构和组织状态密切相关。因此，必须研究金属的晶体结构与结晶过程，掌握其规律，以便更好控制其性能，正确选用材料，并指导人们开发新型材料。

2.1　金属的晶体结构

2.1.1　晶体的结构

晶体结构就是晶体内部原子排列的方式及特征。只有研究金属的晶体结构，才能从本质上说明金属性能的差异及变化的实质。

（1）晶格

为了便于研究和描述晶体内原子的排列规律，通常把原子当作刚性小球，并把不停地热振动的原子看成在其平衡位置上静止不动，且处在振动中心，如图 2-1 所示。

以假想的直线在几个方向上将原子振动中心连接起来，形成一个空间格子，叫做晶格〔图 2-1(b)〕。

（2）晶胞

由图 2-1(b) 可见，晶体中原子排列具有周期性，可以从晶格中选取一个能代表晶格特征的最小几何单元来研究晶体结构，那么，这个最小几何单元就叫晶胞〔图 2-1(c)〕。

（3）晶格常数

在图 2-1(c) 中，晶胞的三个相互垂直的棱边长度 a、b、c 及棱边夹角 α、β、γ，通常可以表示晶胞的尺寸和形状。a、b、c 的单位为 nm。这六个量称为晶格常数。在立方晶格中，$a=b=c$，且 $\alpha=\beta=\gamma=90°$。

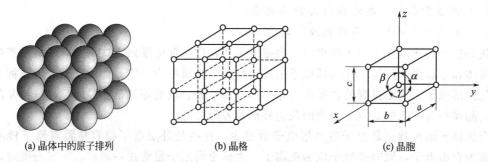

(a) 晶体中的原子排列　　　　(b) 晶格　　　　(c) 晶胞

图 2-1　简单原子排列示意图

2.1.2　常见金属的晶格类型

在已知的 80 多种金属元素中，除少数具有复杂的晶体结构外，大多数具有简单的晶体结构。这是由于金属键没有方向性和饱和性，结合对象的选择性不强，所以金属原子结合在一起总是趋于结合得最紧凑和最密集。这种最密集的排列方式就是面心立方晶格和密排六方晶格，其次为体心立方晶格。

（1）体心立方晶格

体心立方晶格的晶胞是立方体，立方体的八个顶角和中心各有一个原子，如图 2-2 所示。具有这种晶格的金属有钨（W）、钼（Mo）、铬（Cr）、钒（V）、α铁（α-Fe）等。

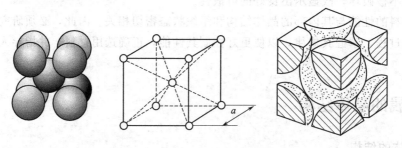

图 2-2　体心立方晶格的晶胞

（2）面心立方晶格

面心立方晶格的晶胞也是立方体，立方体的八个顶角和六个面的中心各有一个原子，如图 2-3 所示。具有这种晶格的金属有金（Au）、银（Ag）、铝（Al）、铜（Cu）、镍（Ni）、γ铁（γ-Fe）等。

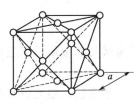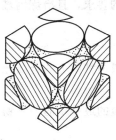

图 2-3 面心立方晶格的晶胞

（3）密排六方晶格

密排六方晶格的晶胞是六方柱体，在六方柱体的十二个顶角和上下底面中心各有一个原子，另外在上下面之间还有三个原子，如图 2-4 所示。具有此种晶格的金属有镁（Mg）、锌（Zn）、（Be）、α 钛（α-Ti）等。

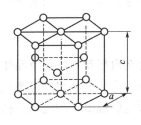

图 2-4 密排六方晶格的晶胞

晶格中的原子并非静止不动的，而是按一定的振幅振动着。振幅随着温度的升高而增强，原子的活动能力也就增强。这对于金属在高温时的结构和性能的变化有很大的影响。以上三种典型金属晶体结构特点参见表 2-1。

表 2-1 三种典型金属的晶体结构特点

晶格类型	代表符号	晶胞原子个数	致密度	性能特点	举例说明
体心立方	BCC	2	0.68	一般具有相当大的强度和较好的塑性	α-Fe、W、V
面心立方	FCC	4	0.74	金属的塑性很好	γ-Fe、Al、Cu
密排六方	HCP	6	0.74	脆性较大，韧性较差	Mg、Be、Zn

金属晶体的特性如下。

① 金属晶体具有确定的熔点。金属在由固态熔化成为液态时，其转变温度保持不变。而非晶体材料在固态熔化成为液态时，温度逐渐上升。

② 金属晶体性能具有各向异性的特点。在晶体中，不同的原子排列方式和紧密程度不同，它们之间的结合力大小也不同，因此金属晶体在不同方向上的性能（力学性能、物理性能、化学性能）不同。这种性质就称为晶体的各向异性。

2.2　合金的晶体结构

2.2.1　基本概念

纯金属虽具有较高的导电性和导热性，但由于其强度、硬度等力学性能一般较低，不能满足使用性能的要求，且冶炼困难、价格较高，因此，工业中广泛使用的金属材料不是纯金属，而是合金。

（1）合金

指由两种或两种以上的金属元素或金属与非金属元素组成的金属材料。

（2）组元

指组成合金的最基本的独立物质。一般来说，组元就是组成合金的元素，但也可以是化合物。

（3）合金系

指由若干给定组元按不同比例配制成一系列不同成分的合金，这一系列合金，构成一个合金系统，简称合金系。例如铁碳合金系等。

（4）相

指在一定合金系统中的这样一种物质部分，它具有相同的物理和化学性能，并与该系统的其余部分以界面分开。例如，水和冰虽然化学成分相同，但物理性能不同，则为两个相。冰可击成碎块，但还是同一个固相。

（5）组织

指用金相观察方法，在金属及合金内部看到的涉及晶体或晶粒的大小、方向、形状、排列状况等组成关系的构造状况。金属或合金的金相磨面经过适当地显露（如侵蚀）或制成金属薄膜后借助光学显微镜或电子显微镜所观察到的组织，称为显微组织。

（6）结构

指晶体中原子排列的几何形式。

2.2.2　合金的相结构

根据合金中各组元间的相互作用，合金的相结构可分为固溶体、金属化合物及机械混合物三种类型。

（1）固溶体

将盐溶于水中，可以得到盐在水中的液溶体，其中水是溶剂，盐是溶质。合金中也有类似的现象。合金在固态下一种组元的晶格内溶解了另一种组元的原子而形成的晶体相，称为固溶体。

根据溶质原子在溶剂晶格中所占位置的不同，可将固溶体分为置换固溶体和间隙固溶体。

① 置换固溶体　置换原子代替一部分溶剂原子占据溶剂晶格部分结点位置时所形成的晶体相，称为置换固溶体，如图 2-5(a) 所示。按溶质溶解度不同，置换固溶体又可分为有限固溶体和无限固溶体。溶解度主要取决于组元间的晶格类型、原子半径和原子结构。实践证明，大多数合金都只能有限固溶，且溶解度随着温度的升高而增加。只有两组元晶格类型相同、原子半径相差很小时，才可以无限互溶，形成无限固溶体。

② 间隙固溶体　溶质原子在溶剂晶格中不占据溶剂结点位置，而嵌入各结点之间的间隙内时，所形成的晶体相，称为间隙固溶体，如图 2-5(b) 所示。

由于溶剂晶格的间隙有限，所以间隙固溶体只能有限溶解溶质原子，只有在溶质原子与溶剂原子半径的比值小于 0.59 时，才能形成间隙固溶体。间隙固溶体的溶解度与温度、溶质与溶剂原子半径比值及溶剂晶格类型等有关。

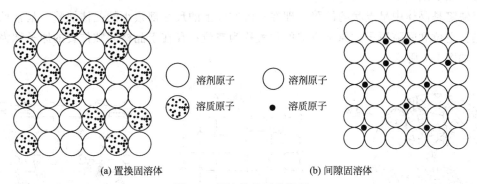

(a) 置换固溶体　　　　　　　(b) 间隙固溶体

图 2-5　固溶体的两种类型

应当指出，无论是置换固溶体，还是间隙固溶体，异类原子的融入都将使固溶体晶格发生畸变，增加位错运动的阻力，使固溶体的强度、硬度提高。这种通过溶入溶质原子形成固溶体，从而使合金强度、硬度升高的现象称为固溶强化。固溶强化是强化金属材料的重要途径之一。

实践证明，只要适当控制固溶体中溶质的含量，就能在显著提高金属材料强度的同时仍然使其保持较高的塑性和韧性。

（2）金属化合物

金属化合物是指合金中各组元间原子按一定整数比结合而形成的晶体相。例如，铁碳合金中的渗碳体就是铁和碳组成的化合物 Fe_3C。金属化合物具有与其构成组元晶格截然不同的特殊晶格，熔点高，硬而脆。合金中出现金属化合物时，通常能显著地提高合金的强度、硬度和耐磨性，但塑性和韧性也会明显地降低。

（3）机械混合物

纯金属、固溶体、金属化合物均是组成合金的基本相。由两相或两相以上组成的多相组织称为机械混合物。在机械混合物中各组成相仍保持着其原有的晶格类型和性能，而整个机械混合物的性能则介于各组成相的性能之间，与各组成相的性能以及相的数量、形状、大小和分布状况等密切相关。在机械工程材料中使用的金属材料绝大多数都含有机械混合物这种组织状态。

2.3　实际金属的晶体结构

如果一块晶体内部的晶格位向（即原子排列的方向）完全一致，则称这块晶体为单晶体。采用特殊方法才能获得单晶体，如单晶硅、单晶锗等。实际使用的金属材料即使是体积很小，其内部仍包含了许多颗粒状的小晶体，各小晶体中原子排列的方向不尽相同。这种由许多晶体组成的晶体称为多晶体，如图 2-6 所示。多晶体材料内部以晶界分开的、晶体学位向相同的体称为晶粒。两晶粒之间的交界处称为晶界。

由于一般的金属都是多晶体结构，故通常测出的金属性能都是各个位向不同的晶粒的平均性能，结果就使金属显示出各向同性。

在晶界上原子的排列不像晶粒内部那样有规则，这种原子排列不规则的部位称为晶体缺陷。根据晶体缺陷的几何特点，可将晶体缺陷分为以下三种。

（1）点缺陷

点缺陷是晶体中呈点状的缺陷，即在三维空间上的尺寸都很小的晶体缺陷。最常见的缺陷是晶体空位和间隙原子。原子空缺的位置称为空位；存在于晶格间隙位置的原子称为间隙原子，如图 2-7 所示。

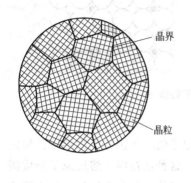 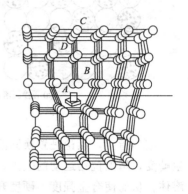

图 2-6　金属多晶体结构　　　图 2-7　晶格空位与间隙原子　　　图 2-8　刃型位错

（2）线缺陷

线缺陷是指在三维空间的两个方向上尺寸很小的晶体缺陷，如图 2-8 所示。这种缺陷主要是各种类型的位错。所谓位错是指晶格中一列或若干列原子发生了某种有规律的错排现象。由于位错存在，造成金属晶格畸变，并对金属的性能，如强度、塑性、疲劳及原子扩散、相变过程等都将产生重要影响。

（3）面缺陷

面缺陷是指在二维方向上尺寸都很大，三个方向上的尺寸却很小，呈面状分布的缺陷（图 2-9），通常都是指晶界。在晶界处，由于原子呈不规则排列，使晶格处于畸变状态，它在常温下对金属的塑性变形起阻碍作用，从而使金属材料的强度和硬度都有所提高。

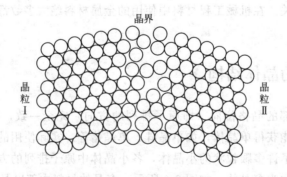

图 2-9　晶界过渡结果

2.4　纯金属的结晶与同素异晶转变

除粉末冶金产品外，大多数的金属制件都是经过熔化、冶炼和浇注而获得的，这种由液态转变为固态的过程称为凝固。通过凝固形成晶体的过程称为结晶。金属结晶形成的铸态组织，将直接影响金属的各种性能。研究金属结晶的目的就是为了掌握结晶的基本规律，以便指导实际生产，获得所需要的组织和性能。

2.4.1 冷却曲线与过冷度

纯金属的结晶是在一定温度下进行的，通常采用热分析法测量其结晶温度。首先将金属熔化，然后以缓慢的速度冷却，在冷却过程中，每隔一定时间测定一次温度，最后将测量结果绘制在温度-时间坐标上，即可得到如图 2-10 所示的纯金属冷却曲线。

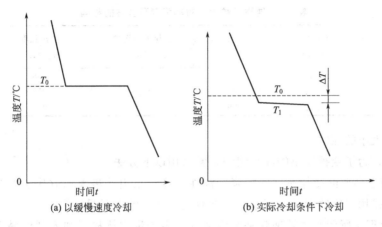

(a) 以缓慢速度冷却　　　　(b) 实际冷却条件下冷却

图 2-10　纯金属结晶时的冷却曲线

从冷却曲线可见，液态金属随着时间的推移，温度不断下降，当冷却到某一温度时，在冷却曲线上出现水平线段，这个水平线段所对应的温度就是金属的理论结晶温度（T_0）。另外，从图 2-10(b) 中的曲线还可看出，金属在实际结晶过程中，从液态必须冷却到理论结晶温度以下 T_1 时才开始结晶，这种现象称为过冷。理论结晶温度 T_0 和实际结晶温度 T_1 之差 ΔT，称为过冷度。

试验研究指出，金属结晶时的过冷度并不是一个恒定值，而与冷却速度有关，冷却速度越大，过冷度就越大，金属的实际结晶温度也就越低。

在实际生产中，金属结晶必须在一定的过冷度下进行，过冷是金属结晶的必要条件，但不是充分条件。金属要进行结晶，还要满足动力学条件，如必须有原子的移动和扩散等。

2.4.2 金属的结晶过程

实验证明，液态金属在达到结晶温度时，首先形成一些极细小的微晶体，称为晶核。随着时间的推移，已形成的晶核不断长大。与此同时，又有新的晶核形成、长大，直至液态金属全部凝固。凝固结束后，各个晶核长成的晶粒彼此相互接触，如图 2-11 所示。晶核的形成和晶核的长大就是金属结晶的基本过程。

2.4.3 金属结晶后的晶粒大小

（1）晶粒大小对金属力学性能的影响

金属结晶后形成由许多晶粒组成的多晶体。晶粒大小对金属的力学性能有很大影响。一般情况下，晶粒越细小，金属的强度、硬度愈高，塑性、韧性愈好。因此，生产实践中总是使金属及其合金获得较细的晶粒组织。晶粒大小对纯铁力学性能的影响见表 2-2。

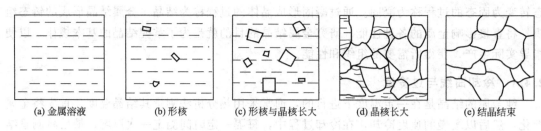

(a) 金属溶液	(b) 形核	(c) 形核与晶核长大	(d) 晶核长大	(e) 结晶结束

图 2-11　纯金属结晶过程

表 2-2　纯铁晶粒大小对其强度和塑性的影响

晶粒平均直径 $d_{av}/\times10^{-2}$mm	抗拉强度 σ_b/MPa	伸长率 /%	晶粒平均直径 $d_{av}/\times10^{-2}$mm	抗拉强度 σ_b/MPa	伸长率 /%
9.7	168	28.8	0.2	268	48.8
7.0	184	30.6	0.16	270	50.7
2.5	215	39.6	0.1	284	50.0

（2）晶粒大小的控制

在生产中，为了获得细小的晶粒组织，常采用以下方法。

① 加快液态金属的冷却速度，如降低浇注温度。采用蓄热大和散热快的金属铸型；局部加冷铁以及采用水冷铸型等。但这些措施对大型铸件效果不明显。

② 变质处理。所谓变质处理就是在浇注前，将少量固体材料加入到熔融金属中，促进金属液形核，以改善其组织和性能的方法。加入的少量材料可起晶核的作用，从而达到细化晶粒的效果。

③ 采用机械振动、超声波振动和电磁振动等，可使生长中的枝晶破碎，使晶核数增多，从而细化晶粒。

2.4.4　金属的同素异构现象

大多数金属结晶完成后晶格类型不再会发生变化，但也有少数金属如铁、锰、钛等，在结晶成固态后继续冷却时晶格类型还会发生变化。金属在固态下由一种晶格转变为另一种晶格的转变过程，称为同素异构转变或称同素异晶转变。如图 2-12 所示，由纯铁的冷却曲线可以看出，液态纯铁在结晶后具有体心立方晶格，称为 δ-Fe，当其冷却到 1394℃时，发生同素异构转变，由体心立方晶格的 δ-Fe 转变为面心立方晶格的 γ-Fe，在冷却到 912℃时，原子排列方式由面心立方晶格转变为体心立方晶格，称为 α-Fe。并且此过程是可逆的。

同素异构转变是钢铁的一个重要特性，它是钢铁能够进行热处理的理论依据，同素异构转变是通过原子的重新排列来完成的，这一过程有如下特点。

① 同素异构转变是由晶核的形成和晶核的长大两个基本过程来完成的，新晶核优先在原晶界处生成。

② 同素异构转变时有过冷（或过热）现象，并且转变时具有较大的过冷度。

③ 同素异构转变过程中，有相变潜热产生，在冷却曲线上出现水平线段，但这种转变是在固态下进行的，它与液体结晶相比具有不同之处。

④ 同素异构转变时常伴有金属的体积变化等。

【小结】　本章主要介绍了金属的晶体结构、结晶、同素异构转变等内容。在学习之后：

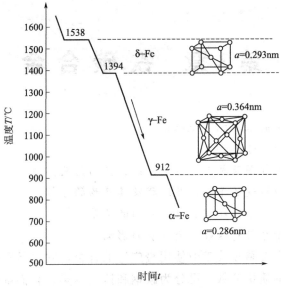

图 2-12 纯铁的冷却曲线

第一，要准确认识不同金属的晶体结构特征，并且要能够从宏观和微观两个角度研究材料的不同性能表现，善于利用所学的微观理论知识对材料的宏观性能表现进行分析；第二，要学会利用日常生活中的现象进行思考和分析，理解结晶的过程和现象；第三，要准确理解和认识同素异构转变现象，因为金属的各种热处理工艺均与此现象相关；第四，学完本章的知识后，对于更好地学习后续章节及相关课程有所帮助。

习　题

1. 名词解释

（1）晶体 （2）晶格 （3）晶胞 （4）晶界 （5）晶粒 （6）结晶 （7）合金

（8）组元 （9）相 （10）组织

2. 判断题

（1）纯铁在 780℃时为面心立方晶格的 γ-Fe。　　　　　　　　　　（　　）

（2）实际金属的晶体结构不仅是多晶体，而且还存在着多种缺陷。　　（　　）

（3）纯金属的结晶过程是一个恒温过程。　　　　　　　　　　　　　（　　）

（4）固溶体的晶格仍然保持溶剂的晶格类型。　　　　　　　　　　　（　　）

（5）间隙固溶体只能为有限固溶体，置换固溶体可以是无限固溶体。　（　　）

3. 简答题

（1）常见的金属晶格类型有哪几种？

（2）实际金属晶体中存在哪些晶体缺陷？对性能有何影响？

（3）金属的结晶是怎样进行的？

（4）金属在结晶时，控制晶粒大小的主要方法有哪些？

（5）何为金属的同素异构转变？

（6）什么是固溶体？什么是金属化合物？它们的结构特点和性能特点各是什么？

第3章 铁碳合金

【学习目标】

(1) 掌握铁碳合金的基本相、组织；

(2) 掌握铁碳合金的分类；

(3) 掌握铁碳合金相图及相图中各点、线、区的意义；

(4) 掌握钢和白口铸铁的平衡结晶过程及其产物的分析；

(5) 理解铁碳合金成分、组织和性能之间的关系；

(6) 掌握碳的质量分数对铁碳合金性能的影响。

在合金中，铁碳合金是现代工业使用最广泛的合金，它也是国民经济的重要物质基础，铁碳合金根据碳的质量分数，可分为碳钢和铸铁两类。它们都是以铁和碳为主要组元的合金，通常称为铁碳合金。而合金钢和合金铸铁实际上也是加入合金元素的铁碳合金。铁碳合金的结晶与纯金属结晶有很大区别。纯金属的结晶过程是在恒温下进行的，在结晶的过程中只有液相和固相数量的变化；而铁碳合金的结晶通常是在一定的温度范围内进行的，在结晶的过程中，不但固相和液相数量变化，而且各相的成分也在变化。为了研究铁碳合金结晶过程的特点以及合金相组织的变化规律，必须应用铁碳合金相图这一重要工具。

3.1 铁碳合金基本组织

3.1.1 纯铁的同素异构转变

自然界中大多数金属结晶后晶格类型都不再变化，但少数金属，如铁、锰、钴等，结晶后随着温度或压力的变化，晶格会有所不同，金属这种在固态下晶格类型随温度（或压力）变化的特性称为同素异构转变。纯铁的同素异构转变可概括如下：

$$\delta\text{-Fe} \xrightarrow{1394\text{℃}} \gamma\text{-Fe} \xrightarrow{912\text{℃}} \alpha\text{-Fe}$$

δ-Fe 和 α-Fe 都是体心立方晶格，其晶格常数不同，分别为 2.93 和 2.866，γ-Fe 为面心立方晶格。纯铁具有同素异构转变的特性，是钢铁材料能够通过热处理改善性能的重要依据。

纯铁在发生同素异构转变时，由于晶格结构发生变化，体积也随之改变，这是加工过程中产生内应力的主要原因。

3.1.2 铁碳合金的基本组织

铁碳合金中含有质量分数为 0.10%～0.20% 的杂质称之为工业纯铁，工业纯铁虽然塑性、导磁性能良好，但强度不高，不适宜制作结构零件。为了提高纯铁的强度、硬度，常在纯铁中加入少量碳元素，由于铁和碳的交互作用，可形成下列五种基本组织：铁素体、奥氏体、渗碳体、珠光体和莱氏体。

（1）铁素体

碳溶于 α-Fe 中所形成的间隙固溶体称为铁素体，用符号 F 表示，它仍保持 α-Fe 的体心立方晶格结构。因其晶格间隙较小，所以溶碳能力很差，在 727℃ 时最大 w_C 仅为 0.0218%，室温时降至 0.0008%。

铁素体由于溶碳量小，力学性能与纯铁相似，即塑性和冲击韧度较好，而强度、硬度较低。

（2）奥氏体

碳溶于 γ-Fe 中所形成的间隙固溶体称为奥氏体，用符号 A 表示，它保持 γ-Fe 的面心立方晶格结构。由于其晶格间隙较大，所以溶碳能力比铁素体强，在 727℃ 时 w_C 为 0.77%，1148℃ 时 w_C 达到 2.11%。

奥氏体的强度、硬度较低，但具有良好塑性，是绝大多数钢高温进行压力加工的理想组织。

（3）渗碳体

渗碳体是铁和碳组成的具有复杂斜方结构的间隙化合物，用化学式 Fe_3C 表示。渗碳体中的碳的质量分数为 6.69%，硬度很高（800HBW），塑性和韧性几乎为零。主要作为铁碳合金中的强化相存在。

（4）珠光体

珠光体是铁素体和渗碳体组成的机械混合物，用符号 P 表示。在缓慢冷却条件下，珠光体中 w_C 为 0.77%，力学性能介于铁素体和渗碳体之间，即综合性能良好。

（5）莱氏体

莱氏体是 w_C 为 4.3% 的合金，缓慢冷却到 1148℃ 时从液相中同时结晶出奥氏体和渗碳体的共晶组织，用符号 Ld 表示。冷却到 727℃ 温度时，奥氏体将转变为珠光体，所以室温下莱氏体由珠光体和渗碳体组成，称为变态莱氏体，用符号 Ld′ 表示。

莱氏体中由于大量渗碳体存在，其性能与渗碳体相似，即硬度高，塑性差。由基本相所形成的铁碳合金的基本组织特点可归纳如表 3-1 所示。

表 3-1 铁碳合金中的基本组织

名称		符号	晶体特征	组织类型	定义	碳的质量分数	存在温度范围/℃	组织形态特征	主要力学性能
铁素体		F	BCC	间隙固溶体	C溶于 α-Fe	≤0.0218	≤912	块状、片状	塑、韧性良好
奥氏体		A	FCC	间隙固溶体	C溶于 γ-Fe	≤2.11	≥727	块状、片状	塑、韧性良好
渗碳体	一次	C_{m1}	具有复杂晶格的金属化合物	间隙化合物	从 L 中结晶析出	6.69	≤1227	粗大片状、条状	硬而脆
	二次	C_{m2}			从 A 中结晶析出		≤1148	网状	硬而脆（耐磨性提高、强度降低）
	三次	C_{m3}			从 F 中结晶析出		≤727	片状（断续）	脆性增加、塑性降低
珠光体		P	两相组织	机械混合物	$F+C_m$	0.77	≤727	层片状颗粒状	良好的综合力学性能（强度较高，具有一定的塑性、韧性）

续表

名称		符号	晶体特征	组织类型	定义	碳的质量分数	存在温度范围/℃	组织形态特征	主要力学性能
莱氏体	高温	Ld	两相组织	机械混合物	$A+C_m$	4.3	727~1148	点状、短杆状、鱼骨状	硬而脆
	低温	Ld′	两相组织	机械混合物	$P+C_m+C_{m2}$	4.3	<727	点状、短杆状、鱼骨状	硬而脆

3.2 铁碳合金状态图

3.2.1 铁碳合金相图及分析

合金相图是表示在极缓慢冷却（或加热）条件下，不同化学成分的合金，在不同温度下所具有的组织状态的一种图形。生产实践表明，碳的质量分数 $w_C>5\%$ 的铁碳合金，尤其当碳的质量分数增加到 6.69% 时，铁碳合金几乎全部变为化合物 Fe_3C。这种化学成分的铁碳合金性能硬而脆，机械加工困难，在机械工程上很少应用。所以，在研究铁碳合金相图时，只需研究 $w_C \leqslant 6.69\%$ 这部分。而 $w_C=6.69\%$ 时，铁碳合金全部为亚稳定的 Fe_3C，因此，Fe_3C 就可看成是铁碳合金的一个组元。实际上研究铁碳合金相图，就是研究 Fe-Fe_3C 相图，如图 3-1 所示。

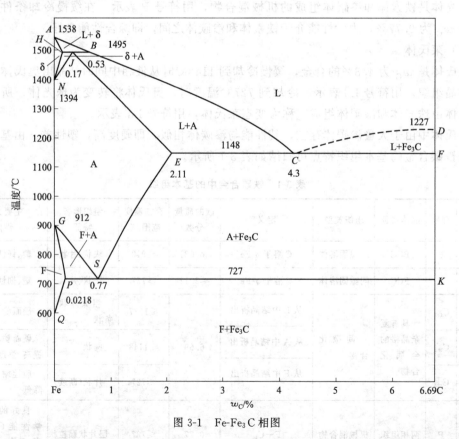

图 3-1　Fe-Fe₃C 相图

（1）铁碳合金相图中的特性点

铁碳合金相图中主要特性点的温度、碳的质量分数及其含义见表 3-2。

表 3-2 铁碳合金相图中的特性点

特性点	温度/℃	w_C/%	特性点的含义
A	1538	0	纯铁的熔点或结晶温度
C	1148	4.3	共晶点,发生共晶转变 $L_{4.3} \rightleftharpoons A_{2.11} + Fe_3C$
D	1227	6.69	渗碳体的熔点
E	1148	2.11	碳在 γ-Fe 中的最大溶碳量,也是钢与生铁的成分分界点
F	1148	6.69	共晶渗碳体的成分点
G	912	0	α-Fe $\rightleftharpoons$ γ-Fe 同素异构转变点
S	727	0.77	共析点,发生共析转变 $A_{0.77} \rightleftharpoons F_{0.0218} + Fe_3C$
P	727	0.0218	碳在 α-Fe 中的最大溶碳量

（2）主要特性线

① 液相线 ACD　在此线以上铁碳合金处于液体状态（L），冷却下来时碳的质量分数小于 4.3% 的铁碳合金在 AC 线开始结晶出奥氏体（A）；碳的质量分数大于 4.3% 的铁碳合金在 CD 线开始结晶出渗碳体，称一次渗碳体，用 Fe_3C_I 表示。

② 固相线 $AECF$　在此线以下铁碳合金均呈固体状态。

③ 共晶线 ECF　ECF 线是一条水平（恒温）线，称为共晶线。在此线以上液态铁碳合金将发生共晶转变，其反应式为

$$L_{4.3} \xrightleftharpoons{1148℃} A_{2.11} + Fe_3C$$

共晶转变形成了奥氏体与渗碳体的机械混合物，称为莱氏体（Ld）。碳的质量分数为 2.11%～6.69% 的铁碳合金中均会发生共晶转变。

④ 共析线 PSK　PSK 线也是一条水平（恒温）线，称为共析线，通称 A_1 线。在此线上固态奥氏体将发生共析转变，其反应式为

$$A_{0.77} \xrightleftharpoons{727℃} F_{0.0218} + Fe_3C$$

共析转变形成了铁素体与渗碳体的机械混合物，称为珠光体（P）。碳的质量分数大于 0.0218% 的铁碳合金均会发生共析转变。

⑤ GS 线　GS 线表示冷却时由奥氏体组织中析出铁素体组织的开始线，通称 A_3 线。

⑥ ES 线　ES 线是碳在奥氏体中的溶解度变化曲线，通称 A_{cm} 线。它表示随着温度的降低，奥氏体中碳的质量分数沿此线逐渐减少，而多余的碳以渗碳体形式析出，称为二次渗碳体，用 Fe_3C_{II} 表示，以区别于从液体中直接结晶出来的 Fe_3C_I。

⑦ GP 线　GP 线为冷却时奥氏体组织转变为铁素体的终止线，或者加热时铁素体转变为奥氏体的开始线。

⑧ PQ 线　PQ 线是碳在铁素体中的溶解度变化曲线，它表示随着温度的降低，铁素体中的碳的质量分数减少，多余的碳以渗碳体形式析出，称为三次渗碳体，用 Fe_3C_{III} 表示。由于其数量极少，在一般钢中影响不大，故可忽略。

铁碳合金相图的特性线及其含义见表 3-3。

表 3-3　铁碳合金相图中的特性线

特性线	特性线含义	特性线	特性线含义
ACD	液相线	ECF	共晶线，$L_{4.3} \rightleftharpoons A_{2.11} + Fe_3C$
AECF	固相线	PSK	共析线，$A_{0.77} \rightleftharpoons F_{0.0218} + Fe_3C$，常用 A_1 表示
GS	冷却时从奥氏体组织中析出铁素体的开始线，用 A_3 表示	GP	冷却时从奥氏体组织中转变为铁素体的终了线
ES	碳在 $\gamma\text{-Fe}$ 中的溶解曲线，常用 A_{cm} 表示	PQ	碳在 $\alpha\text{-Fe}$ 中的溶解度曲线

（3）铁碳合金相图中的相区

铁碳合金相图中的主要相区见表 3-4。

表 3-4　铁碳合金相图中的主要相区的组织组成物

范围	组织	相区	范围	组织	相区
ACD 线以上	L	单相区	GSPG	A+F	两相区
AESGA	A	单相区	ESKF	A+Fe$_3$C	两相区
AECA	L+A	两相区	PSK 以下	F+Fe$_3$C	两相区
DFCD	L+Fe$_3$C$_I$	两相区			

3.2.2　铁碳合金的分类

根据铁碳合金相图，可以将铁碳合金分为工业纯铁、钢、白口铸铁三大类。

① 工业纯铁　碳的质量分数小于 0.0218% 的铁碳合金。

② 钢　碳的质量分数在 0.0218%～2.11% 之间的铁碳合金。根据室温组织不同，钢分为三类，参见表 3-5。

表 3-5　几种碳钢号和碳的质量分数

类　　型	亚共析钢			共析钢	过共析钢	
钢号	20	45	60	T8	T10	T12
碳的质量分数/%	0.20	0.45	0.60	0.80	1.00	1.20
组织组成物	铁素体和珠光体			珠光体	珠光体和二次渗碳体	

③ 白口铸铁　碳的质量分数在 2.11%～6.69% 之间的铁碳合金。

根据室温组织不同，白口铸铁又分为三类。

a. 亚共晶白口铸铁（2.11%＜w_C＜4.3%），组织为珠光体、二次渗碳体和低温莱氏体。

b. 共晶白口铸铁（w_C＝4.3%），组织为低温莱氏体。

c. 过共晶白口铸铁（4.3%＜w_C＜6.69%），组织为低温莱氏体和一次渗碳体。

3.3　典型铁碳合金结晶过程分析

为了进一步认识铁碳合金相图，现以上节几种典型铁碳合金为例，分析结晶过程和在室温下的显微组织，如图 3-2 所示，图中标注了组织。

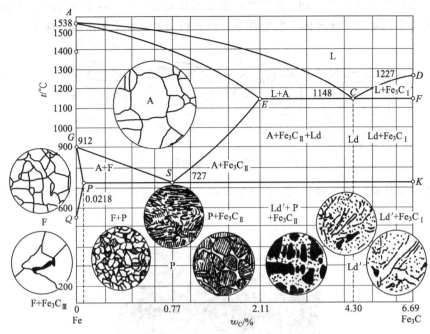

图 3-2 Fe-Fe₃C 相图（标注了组织）

所选取的典型合金在相图中的位置如图 3-3 所示。

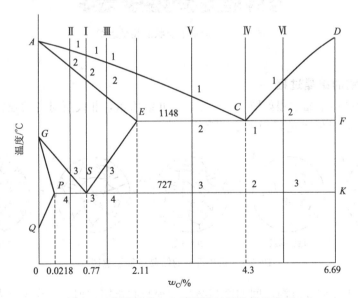

图 3-3 典型铁碳合金的结晶过程分析示意图

3.3.1 共析钢的结晶过程

共析钢的冷却结晶过程如图 3-3 中的合金Ⅰ线所示，碳的质量分数为 0.77%，其结晶过程如图 3-4 所示。共析钢在 1 点以上时为液态合金；当液态合金冷却到与液相线 AC 相交于 1 点温度时，从液相中开始结晶出奥氏体，在 1 点和 2 点之间，随着温度的下降，奥氏体量不断地增加，其成分沿着 AE 线改变，而剩余液相逐渐减少，其成分沿着 AC 线改变；冷却到 2 点时，液相全部结晶成与原合金成分相同的奥氏体；从 2 点到 3 点温度范围内，合金的组织不变，冷却到 3 点温度，即 727℃ 时，发生共析转变，$A_s \longrightarrow F_p + Fe_3C$，形成珠光体；从 3 点继续冷却到室温，珠光体不发生转变。故共析钢的室温平衡组织为珠光体。

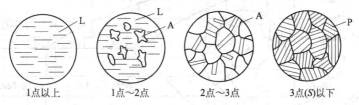

图 3-4 共析钢的结晶过程示意图

珠光体呈层片状，其显微组织如图 3-5 所示。在光学显微镜下铁素体为白色基体，黑色线是渗碳体。

图 3-5 共析钢平衡状态显微组织

3.3.2 亚共析钢的结晶过程

亚共析钢的冷却结晶过程如图 3-3 中的合金 Ⅱ 线所示，Ⅱ 线所对应的亚共析钢的碳的质量分数为 0.50%，其结晶过程如图 3-6 所示。

图 3-6 亚共析钢的结晶过程示意图

亚共析钢在 1 点到 3 点温度间的冷却结晶过程与共析钢相似；当合金冷却到与 GS 线相交于 3 点温度时，奥氏体开始转变成铁素体，称为先共析铁素体；在 3 点与 4 点之间，随着温度下降，铁素体量不断地增加，其成分沿着 GP 线改变，而奥氏体量逐渐减少，其成分沿着 GS 线改变；当合金冷却到 PSK 线相交的 4 点温度时，铁素体中的碳的质量分数为 0.0218%，而剩余奥氏体正好为共析成分（碳的质量分数为 0.77%），因此剩余的奥氏体就发生共析转变而形成了珠光体。4 点以下继续冷却至室温，组织基本上不发生变化。故亚共析钢的室温平衡组织为铁素体 F 和珠光体 P。

　　所有亚共析钢的结晶过程均相似，它们在室温下的组织都是由铁素体和珠光体组成。其差别仅在于二者的相对量有所不同，凡距共析成分越近的亚共析钢组织中所含的珠光体量越多，反之，铁素体量越多。如图 3-7 所示为某牌号的亚共析钢的显微组织。其中白亮部分为铁素体，黑色部分为珠光体。

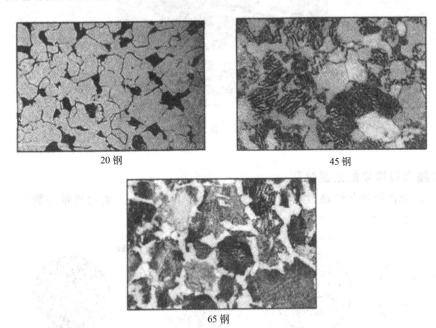

20 钢　　　　　　　　　　　45 钢

65 钢

图 3-7　亚共析钢的显微组织

3.3.3　过共析钢的结晶过程

　　过共析钢的冷却结晶过程如图 3-3 中的合金Ⅲ线所示，其结晶过程如图 3-8 所示。过共析钢在 1 点到 3 点温度间的冷却结晶过程也与共析钢相似；当合金冷却到与 ES 线相交于 3 点温度时，由于奥氏体中碳达到过饱和而开始从奥氏体中析出二次渗碳体 Fe_3C_{II}，二次渗碳体沿着奥氏体晶界而呈网状分布，如图 3-9 所示，这种二次渗碳体称之为先析渗碳体；在 3 点到 4 点之间随着温度的降低，析出的二次渗碳体量不断增加，剩余奥氏体中溶碳量沿 ES 线变化而逐渐减少；继续冷却到与共析线 PSK 相交于 4 点温度时，剩余奥氏体含量正好为共析成分，因此就发生共析转变而形成珠光体；4 点以后，温度继续下降到室温时，合金组织基本不变。故过共析钢室温平衡组织为珠光体 P 和二次渗碳体 Fe_3C_{II}。

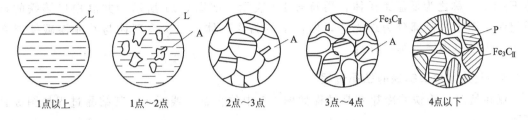

1点以上　　　1点~2点　　　2点~3点　　　3点~4点　　　4点以下

图 3-8　过共析钢的结晶过程示意图

　　图 3-9 为过共析钢的显微组织。其中黑色基体组织为片状珠光体，白色网状条纹为二次渗碳体。

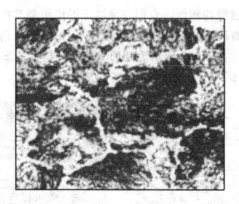

图 3-9　T12 过共析钢的显微组织

3.3.4　共晶白口铸铁的结晶过程

共晶白口铸铁的冷却结晶过程如图 3-3 中的合金Ⅳ线所示，碳的质量分数为 4.3%，其结晶过程如图 3-10 所示。

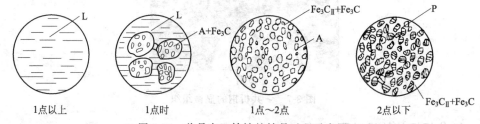

图 3-10　共晶白口铸铁的结晶过程示意图

共晶白口铸铁在 1 点以上时为液态合金，当液态合金冷却到与液相线 ACD 相交于 1 点温度（共晶温度 1148℃）时，将发生共晶转变，即 $L_c \rightleftharpoons A_E + Fe_3C$，形成莱氏体 Ld，这种由共晶转变而结晶出的奥氏体与渗碳体，分别称为共晶奥氏体 A 与共晶渗碳体 Fe_3C；在 1 点与 2 点之间，随着温度的下降，碳在奥氏体中的溶解度沿着 ES 线变化而不断降低，故从奥氏体中不断析出二次渗碳体 Fe_3C_{II}；当温度下降到与共析线 PSK 相交于 2 点的温度时，奥氏体的碳的质量分数正好是共析成分（0.77%），因此奥氏体发生共析转变而形成珠光体，而二次渗碳体不变；从 2 点继续冷却到室温，组织基本不变。故共晶白口铸铁室温平衡组织为珠光体 P、共晶渗碳体 Fe_3C 和二次渗碳体 Fe_3C_{II}，称之为低温莱氏体，用符号 Ld′表示。如图 3-11 所示为共晶白口铸铁的显微组织。图中黑色部分为珠光体，白色部分为渗碳体。二次渗碳体与共晶渗碳体混在一起，光学显微镜下难以分辨。

3.3.5　亚共晶白口铸铁的结晶过程

亚共晶白口铸铁的冷却结晶过程如图 3-3 中的合金Ⅴ线所示，其结晶过程如图 3-12 所示。

亚共晶白口铸铁在 1 点以上时为液态合金；当液态合金冷却到与液相线 AC 相交于 1 点温度时，液相中开始结晶出初晶奥氏体；在 1 点与 2 点之间；随着温度下降；奥氏体量不断增加；其成分沿固相线 AE 线变化，而剩余液相量逐渐减少，其成分沿液相线 AC 线

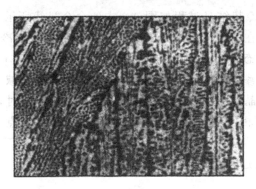

图 3-11 共晶白口铸铁的显微组织

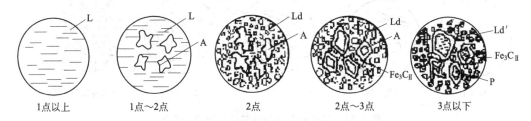

图 3-12 亚共晶白口铸铁的结晶过程示意图

变化；当冷却到与共晶线 ECF 相交于 2 点温度（1148℃）时，初晶奥氏体的成分变为 2.11%，液相碳的质量分数正好是共晶成分（4.3%），因此剩余液相发生共晶转变而形成莱氏体，而初晶奥氏体不变；在 2 点到 3 点间冷却时，初晶奥氏体与共晶奥氏体中，均不断析出二次渗碳体 Fe_3C_{II}，并在 3 点的温度（727℃）时，这两种奥氏体的成分正好是共析成分（0.77%），所以发生共析转变而形成珠光体；从 3 点继续冷却到室温，组织基本不变。故亚共晶白口铸铁室温平衡组织为珠光体 P、二次渗碳体 Fe_3C_{II} 和低温莱氏体 Ld'。

所有亚共晶白口铸铁的结晶过程均相似，只是合金成分越接近共晶成分，室温组织中低温莱氏体量越多；反之，由初晶奥氏体转变成的珠光体量越多。如图 3-13 所示为亚共晶白口铸铁的显微组织。图中呈黑色块状或树状分布的是由初晶奥氏体转变成的珠光体，基体是低温莱氏体。白亮色的二次渗碳体分布在块状或树枝状珠光体周围。

3.3.6 过共晶白口铸铁的结晶过程

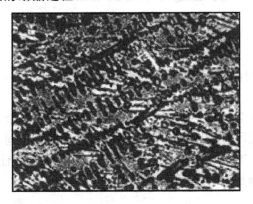

图 3-13 亚共晶白口铸铁的显微组织

过共晶白口铸铁的冷却结晶过程如图 3-3 中的合金Ⅵ线所示，其结晶过程如图 3-14 所示。过共晶白口铸铁在 1 点以上时为液态合金；当液态合金冷却到与液相线 CD 线相交于 1 点的温度时，液态合金中开始结晶出一次渗碳体 Fe_3C_I；在 1 点与 2 点之间，随着温度的下降，一次渗碳体量不断增加，剩余液相量逐渐减少，其成分沿 CD 线改变；当温度冷却到与共晶线 ECF 相交于 2 点温度（1148℃）时，液相的成分正好是共晶成分，因此剩余的液相发生共晶转变而形成莱氏体；在 2 点与 3 点之间冷却，奥氏体中同样要析出二次渗碳体 Fe_3C_{II}，并在 3 点的温度（727℃）时，奥氏体发生共析转变而形成珠光体。故过共晶白口铸铁在室温的平衡组织为一次渗碳体和低温莱氏体 Ld'。

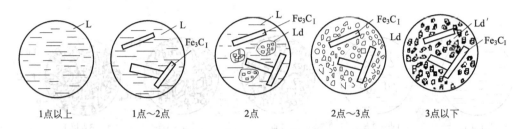

| 1点以上 | 1点～2点 | 2点 | 2点～3点 | 3点以下 |

图 3-14　过共晶白口铸铁的结晶过程示意图

所有过共晶白口铸铁的结晶过程均相似，只是合金成分越接近共晶成分，室温组织中的低温莱氏体量越多；反之，一次渗碳体量越多。如图 3-15 所示为过共晶白口铸铁的显微组织。图中白色条块状为一次渗碳体，基体为低温莱氏体。

图 3-15　过共晶白口铸铁的显微组织

3.4　铁碳合金中碳的质量分数对性能的影响

在一定的温度下，合金的成分决定了组织，而组织决定了合金的性能。铁碳合金的室温组织都是由铁素体和渗碳体两相组成的。但是其碳的质量分数不同，组织中两个相的相对数量、分布及形态也不同，不同成分的铁碳合金具有不同的组织和性能。图 3-16 为铁碳合金的成分、组织、相组成物及组织组成物的变化图。

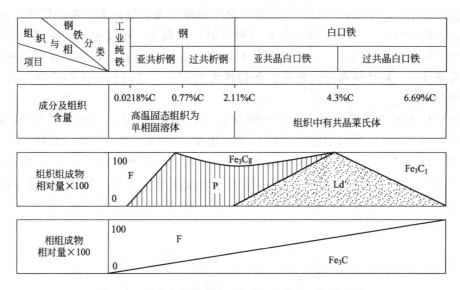

图 3-16　铁碳合金的成分、组织（组织相）间的关系

3.4.1　碳的质量分数对铁碳合金力学性能的影响

（1）硬度

硬度是一个与碳的质量分数有关的性能指标，与组织组成物或组成相的形态不十分敏感的性能指标，它的大小主要决定于组成相的硬度和相对数量。所以随着碳的质量分数的增加，硬度高的渗碳体增多，硬度低的铁素体减少，因此合金的硬度呈直线增高，由完全为铁素体组织的 80HBS 增大到完全为渗碳体的约 800HBW。

（2）强度

强度是一种对组织组成物的形态很敏感的性能。

在工业纯铁中，随着碳的质量分数的增加，固溶强化或微量 Fe_3C_{III} 的强化作用使强度提高。

在亚共析钢中，组织为 F+P 的混合物，F 的强度低，P 的强度较高，随 P 的增加，强度提高。且强度与组织的细密度有关，组织越细密，则强度越高，所以在亚共析钢中，随着碳的质量分数的增加，强度提高，组织越细，强度越高。

过共析钢中，铁素体消失，而硬脆的二次渗碳体出现，合金强度增加变缓。在碳的质量分数到约 0.90% 时，由于沿晶界形成的二次渗碳体网趋于完整，强度开始迅速下降，碳的质量分数到 2.11% 组织中出现莱氏体时，强度降低到很低的值，如果继续增加碳的质量分数，由于基体变为连片的渗碳体，强度将变化不大，但值很低，接近渗碳体的强度（20～30MPa）。

（3）塑性

铁碳合金中的渗碳体是极脆的组成相或组织组成物，没有塑性，不能为合金的塑性做出贡献，合金的塑性完全由铁素体来提供。所以，碳的质量分数增加，铁素体减少时，合金的塑性不断降低，当基体变为渗碳体后，塑性就降低到接近于零值。

（4）韧性

铁碳合金的冲击韧性对组织及其形态最敏感。碳的质量分数增加时，脆性的渗碳体增多，不利的形态愈严重，韧性下降很快，下降的趋势比塑性更急剧。

在铁碳合金中，渗碳体一般可认为是一种强化相。当它与铁素体构成层状珠光体时，可提高合金的硬度，故合金中珠光体的量越多时，其强度、硬度越高，而塑性、韧性却相应降低。但在过共析钢中，渗碳体明显地以网状分布在晶界上，特别在白口铸铁中渗碳体作为基体时，将使铁碳合金的塑性和韧性大大下降，这就是高碳钢和白口铸铁脆性高的主要原因。

如图 3-17 所示为碳的质量分数对碳钢力学性能的影响。由图可见，当钢中碳的质量分数小于 0.9% 时，随着钢中碳的质量分数的增加，钢的强度、硬度呈直线上升，而塑性、韧性不断下降；钢中碳的质量分数大于 0.9% 时，因渗碳体以完整的网状存在，不仅使钢的塑性、韧性进一步降低，而且强度也明显下降。为了保证工业上使用的钢具有足够的强度，并具有一定的塑性和韧性，钢中的碳的质量分数一般不超过 1.3%～1.4%。

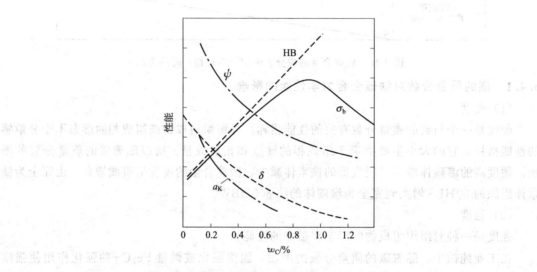

图 3-17　碳的质量分数对碳钢力学性能的影响

碳的质量分数大于 2.11% 的白口铸铁，由于组织中存在大量的渗碳体，则特别硬而脆，难以切削加工，因此在一般机械制造工业中很少使用。

3.4.2　碳的质量分数对工艺性能的影响

在一定温度下，合金的成分决定组织，而组织又决定合金的性能。铁碳合金的室温组织都是由铁素体和渗碳体两相组成的。但是随着碳的质量分数变化，其组织中两种相的相对数量、分布及形态也发生变化，所以不同成分的铁碳合金具有不同的组织和性能。

（1）铸造性能

金属的铸造性能也与碳的质量分数有关。随着碳的质量分数的增加，钢的结晶温度间隔增大，对钢的流动性是不利的；但随着碳的质量分数的增加，液相线温度降低，这对钢的流动性有利。总的来说，钢液的流动性是随碳的质量分数的增加而提高的。铸铁因其液相线温度比钢低，其流动性总是比钢好，亚共晶白口铸铁随碳的质量分数的增加凝固范围变小，流动性也随之提高，共晶铸铁其结晶温度最低，同时又在恒温下结晶，流动性最好。过共晶铸铁随碳的质量分数的增加，流动性变差。

（2）锻造性能

碳的质量分数也影响钢材的可锻性。低碳钢的可锻性良好，随着碳的质量分数的提高可锻性变差。如果要求有好的塑性、变形抗力小，在 Fe-Fe$_3$C 相图中，单相 A 区最适合，其次为 A+F 两相区，而有 Fe$_3$C 存在的两相区，钢的塑性、韧性都差。

（3）切削加工性能

碳的质量分数对切削加工性能有一定影响。低碳钢中铁素体较多、塑性好，切削时产生的切削热较大，容易粘刀，而且切屑不易折断，影响表面粗糙度，故切削性能差。高碳钢中，渗碳体较多，严重磨损刀具，切削加工性能也差。一般认为，钢的硬度大致为 250HBS 时切削加工性最好。在低碳钢中当共析渗碳体呈片状，特别是细片状时，可以降低钢的塑性，有利于切削，而以球状存在时，反而不利于切削。高碳钢中共析渗碳体以片状存在，二次渗碳体以网状存在时对切削不利。而渗碳体呈球状时则可改善切削加工性。

3.5 铁碳合金相图的应用

Fe-Fe$_3$C 合金相图概括了平衡状态下不同合金成分、温度与显微组织及性能之间的关系、奥氏体相区和其他各相区的范围，因而对铸造、锻轧、焊接以及热处理等生产实践具有重要意义。

3.5.1 在选材方面的应用

在设计和生产上，通常是根据机器零件或工程构件的使用性能要求来选择钢的成分（钢号）的。例如，大多数机件和工程构件主要选用低碳钢和中碳钢，其中要求塑性、韧性好而强度不高的机件，则应选用低碳钢（$w_C < 0.25\%$）；要求强度、塑性、韧性等综合性能较好的，则应选用中碳钢（$w_C = 0.3\% \sim 0.55\%$），并通过热处理等工艺，进一步提高钢的使用性能和工艺性能。

3.5.2 在铸造方面的应用

在 Fe-Fe$_3$C 图上，含碳量 > 2.11% 的铁碳合金叫白口铸铁，无论在高温区和室温都存在硬脆组织莱氏体，所以一般不能进行压力加工（锻、轧等），只能作为铸造或炼钢原料。铸铁含碳量越接近共晶点 C（$w_C = 4.3\%$），其熔点越低，结晶温度范围也越小，故其铸造性能也越好。据此可以确定铸铁成分、熔炼及浇注温度等，如图 3-18 所示。

碳钢也可铸造，但由于其熔点高，结晶温度范围较大，故铸造性能差（易收缩），在熔炼和铸造工艺方面较铸铁复杂。

3.5.3 在锻造、轧制方面的应用

单相合金比多相合金具有更佳的压力加工性能，这是由于多相合金中各相的晶体结构和位向不同以及晶界的作用，使变形抗力提高所致。在 Fe-Fe$_3$C 相图中，碳钢的高温区是单相奥氏体面心立方晶格，变形抗力小，塑性好，所以碳钢的热压力加工（锻、轧等）温度都选在高温奥氏体相区。但是，始锻（轧）温度不能过高，以免严重氧化导致脱碳，而终锻（轧）温度也不能过低，以免发生裂纹。根据相图选择的最佳压力加工工艺温度范围，如图 3-18 所示。

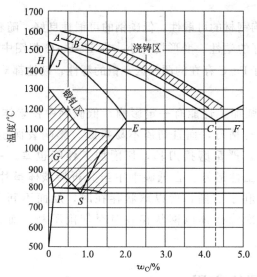

图 3-18　Fe-Fe₃C 相图与铸、锻工艺的关系

3.5.4　在热处理方面的应用

根据 Fe-Fe₃C 相图，可以确定各种热处理操作（退火、正火、淬火等）的加热温度。

这里必须指出，使用 Fe-Fe₃C 相图的同时，要考虑多种合金元素、杂质及在生产上冷却和加热速度较快时的影响，不能完全用相图来分析，须借助其他理论知识和有关手册及图表。

【小结】　本章主要介绍了铁碳合金的基本组织、Fe-Fe₃C 状态图及其应用等内容。在学习之后，第一，要了解铁碳合金基本组织的相结构和性能，并且要结合第 2 章的晶体结构知识进行分析和对比；第二，要了解铁碳合金状态图（相图）各个区间的组织组成和特征，尤其是在室温时典型铁碳合金的组织特征；第三，要理解共晶转变和共析转变的实质和条件，尤其是转变温度和化学成分；第四，了解铁碳合金的化学成分、组织状态和性能之间的定性关系。

习　　题

1. 名词解释

（1）铁素体（2）奥氏体（3）珠光体（4）莱氏体（5）渗碳体（6）低温莱氏体

2. 选择题

（1）铁素体为（　　）晶格，奥氏体为（　　）晶格，渗碳体为（　　）晶格。

A. 体心立方　　　B. 面心立方　　　C. 密排立方　　　D. 复杂

（2）Fe-Fe₃C 状态图上的 SE 线，用代号（　　）表示，PSK 线用代号（　　）表示。

A. A_1　　　　　　B. A_{cm}　　　　　　C. A_3

（3）Fe-Fe₃C 状态图上的共析线是（　　），共晶线是（　　）。

A. ECF 线　　　　　B. ACD 线　　　　　C. PSK 线

3. 判断题

（1）金属化合物的特性是硬而脆，莱氏体的性能也是硬而脆，故莱氏体属于金属化合物。

（2）渗碳体中的碳的质量分数是 6.69%。 （ ）

（3）Fe-Fe$_3$C 状态图中，A_3 温度是随碳的质量分数增加而上升的。 （ ）

（4）碳溶于 α-Fe 中所形成的间隙固溶体，称为奥氏体。 （ ）

4. 简答题

（1）默画简化的 Fe-Fe$_3$C 状态图，说明图中主要点、线的意义，填出各相区的相和组织组成物。

（2）随着碳的质量分数的增加，钢的组织和性能有什么变化？

（3）相同形状的两块铁碳合金，其中一块是 15 钢，一块是白口铸铁，用什么简便方法可迅速区分它们？

第4章 钢的热处理

【学习目标】

(1) 了解热处理的定义、目的、分类；

(2) 掌握钢在加热过程中的组织转变规律及晶粒度的概念和影响因素；

(3) 掌握钢在等温冷却过程中的组织转变规律及转变产物的性能，初步了解 C 曲线及影响因素；

(4) 了解钢在连续冷却时的组织转变规律；

(5) 掌握退火和正火的定义、目的、用途；

(6) 掌握淬火的定义、目的、方法；

(7) 掌握回火的定义、目的、方法；

(8) 了解淬透性的概念及意义；

(9) 了解表面感应加热淬火、火焰加热淬火、渗碳、渗氮等常用表面热处理的原理、方法和用途；

(10) 了解零件的结构工艺性与热处理工艺性之间的关系。

4.1 概述

热处理是采用适当的方式对金属材料或工件进行加热、保温和冷却，以获得预期的组织结构与性能的工艺。热处理工艺方法较多，但过程都是由加热、保温、冷却三个阶段组成。通常可用热处理工艺曲线来表示，如图 4-1 所示。

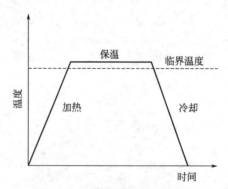

图 4-1 热处理的基本工艺曲线

热处理是机械零件及工具制造过程中的重要工序。它担负着改善工件的组织和性能，充分发挥材料潜力，提高和改善零件的使用性能和使用寿命的重要任务。就目前机械制造工业生产状况而言，各类机床中要经过热处理的工件约占其总重量的 60%～70%；在汽车、拖拉机中占 70%～80%；而轴承、各种工模具等几乎 100%需要热处理。因此，热处理在机械制造工业中占有十分重要的地位。

钢的热处理原理主要是：利用钢在加热和冷却时内部组织发生转变的基本规律，来选择加热温度、保温时间和冷却介质等有关参数，以达到改善钢材性能的目的。根据加热、冷却方式的不同及组织、性能变化特点的不同，热处理可以分为下列几类。

① 普通热处理：包括退火、正火、淬火和回火等。

② 表面热处理：指仅在工件表面一定深度范围内进行热处理的一种工艺，如各种表面淬火方法。

③ 化学热处理：指改变材料表层的化学成分和性能的一种热处理工艺，如渗碳、渗氮等。

按照热处理在整个工艺流程中的位置和作用不同，热处理又分为预先热处理和最终热处理。其中预先热处理是为随后的加工或进一步热处理做准备，而最终热处理是赋予零件最终的使用性能。

热处理之所以能使钢的性能发生巨大的变化，主要是由于经过不同的加热和冷却过程，使钢的内部组织发生了变化。因此，要了解各种热处理方法对钢的组织与性能的改变情况，必须首先研究钢在加热和冷却过程中的相变规律。

4.2 钢在加热时的转变

钢在热处理（除淬火后的回火、消除应力退火等少数热处理外）时，通常开始就把钢件加热，使之形成奥氏体组织，这一过程也称为奥氏体化。加热时奥氏体化的程度及晶粒大小，将直接影响在随后的冷却过程中所发生的转变及转变所得产物与性能。因此，了解奥氏体形成的规律是掌握热处理工艺的基础。

4.2.1 钢临界转变温度

Fe-Fe$_3$C 相图是表示铁碳合金在接近平衡状态下相、成分和温度之间关系的图，图中的临界点也只有在这样的条件下才适用。然而在实际热处理时，总是以一定的速度进行加热或冷却，这时相变是在非平衡条件下进行的，由于过热和过冷现象的影响，其相变点与 Fe-Fe$_3$C 相图中的相变温度相比发生滞后现象，即加热时偏向高温，冷却时偏向低温。而且加热或冷却速度越快，滞后现象越严重。通常把加热时的实际临界温度标以字母"c"，如 A_{c1}、A_{c3}、A_{ccm}，把冷却时的临界温度标以字母"r"，如 A_{r1}、A_{r3}、A_{rcm}，如图 4-2 所示。

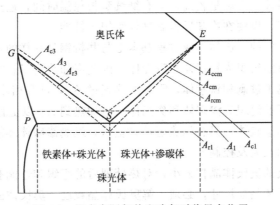

图 4-2 钢在实际加热和冷却时临界点位置

4.2.2　钢在加热时的组织转变

大多数情况下，加热是使钢部分或完全处于奥氏体状态。只有在奥氏体状态下才能通过不同冷却方式使钢转变为不同组织，获得所需性能。所以，热处理时必须将钢加热到一定温度，使其组织全部或部分转变为奥氏体。

（1）奥氏体的形成

首先以共析钢为例，说明奥氏体的形成过程。奥氏体的形成必须经过原来晶格（铁素体和渗碳体）的改组和铁、碳原子的扩散来实现。从室温组织珠光体向高温组织奥氏体的转变，也遵循"形核与核长大"这一相变的基本规律。共析钢奥氏体的形成是由奥氏体形核、奥氏体晶核长大、残余奥氏体溶解以及奥氏体均匀化四个过程组成，如图 4-3 所示。

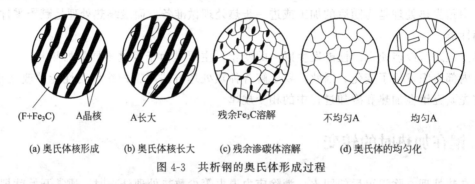

| (F+Fe₃C) | A晶核 | A长大 | 残余Fe₃C溶解 | 不均匀A | 均匀A |

(a) 奥氏体核形成　　(b) 奥氏体核长大　　(c) 残余渗碳体溶解　　(d) 奥氏体的均匀化

图 4-3　共析钢的奥氏体形成过程

① 奥氏体形核　钢在加热到 A_1 时，奥氏体晶核优先在铁素体与渗碳体的相界面上形成。这是因为相界面的原子是以铁素体与渗碳体两种晶格的过渡结构排列的，原子偏离平衡位置处于畸变状态，具有较高能量；再则，与晶体内部比较，晶界处碳的分布是不均匀的，这些都为形成奥氏体晶核在成分、结构和能量上提供了有利条件。

② 奥氏体晶核长大　奥氏体形核后的长大，是新相奥氏体的相界面向着铁素体和渗碳体这两个方向同时推移的过程。通过原子扩散，铁素体晶格先逐渐改组为奥氏体晶格，随后通过渗碳体的连续不断分解和铁原子扩散而使奥氏体晶核不断长大。

③ 残留渗碳体的溶解　由于渗碳体的晶体结构和含碳量与奥氏体差别很大，所以，渗碳体向奥氏体的溶解必然落后于铁素体向奥氏体的转变。在铁素体全部转变消失之后，仍有部分渗碳体尚未溶解，因而还需要一段时间继续向奥氏体溶解，直至全部渗碳体消失为止。

④ 奥氏体成分均匀化　奥氏体转变刚结束时，其成分是不均匀的，在原来铁素体处含碳量较低，在原来渗碳体处含碳量较高，只有继续延长保温时间，通过碳原子扩散才能得到成分均匀的奥氏体组织，以便在冷却后得到良好组织与性能。

亚共析钢和过共析钢的奥氏体形成过程基本上与共析钢是一样的，所不同之处是有过剩相出现。亚共析钢的室温组织为铁素体和珠光体，因此当加热到 A_1 以上保温后，其中珠光体转变为奥氏体，还剩下过剩相铁素体，需要加热超过 A_3，过剩相才能全部消失。

过共析钢在室温下的组织为渗碳体和珠光体。当加热到 A_1 以上保温后，珠光体转变为奥氏体，还剩下过剩相渗碳体，只有加热超过 A_{cm} 后，过剩渗碳体才能全部溶解。

（2）奥氏体晶粒的长大及控制

钢在加热时所形成的奥氏体晶粒大小，对热处理后的组织和性能有着显著的影响。为了获得所期望的合适奥氏体晶粒尺寸，必须了解奥氏体晶粒度、奥氏体晶粒大小的影响以及控制奥氏体晶粒大小的方法。

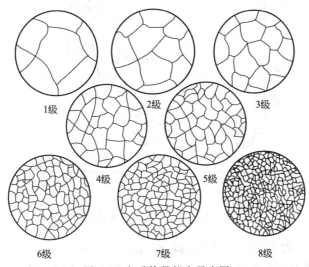

图 4-4 奥氏体晶粒度示意图

① 奥氏体晶粒度 奥氏体晶粒度是表示奥氏体晶粒大小的尺度。奥氏体晶粒大小通常采用晶粒度等级来表示。钢的奥氏体晶粒度分为 8 级，如图 4-4 所示。在生产中，是将钢试样在金相显微镜下放大 100 倍，全面观察并选择具有代表性视场的晶粒与国家标准晶粒等级图进行比较，以确定其级别。若已知晶粒度等级 G，便可按下列公式计算每 $645mm^2$（1in）试样面积上的平均晶粒数 n，即

$$n = 2^{G-1}$$

显然，晶粒度等级越大，平均晶粒数 n 越多，则晶粒越细。一般 1～4 级称粗晶粒；5～8 级称细晶粒（其中 5～8 级称细晶粒，9 级以上称超细晶粒）。

奥氏体晶粒度分为起始晶粒度、实际晶粒度和本质晶粒度三种。

a. 起始晶粒度。当珠光体向奥氏体转变刚完成时，由于奥氏体是在片状珠光体的两相（铁素体与渗碳体）界面上形核，晶核数量多，能获得细小的奥氏体晶粒，称为奥氏体起始晶粒度。

b. 实际晶粒度。钢在某一具体加热条件下实际获得的奥氏体晶粒，称为奥氏体实际晶粒度，其大小直接影响到热处理后的力学性能。

c. 本质晶粒度。不同钢的奥氏体晶粒，加热时长大的倾向也不同。奥氏体晶粒随温度升高而迅速长大的钢，称为本质粗晶粒钢；奥氏体晶粒随温度升高长大倾向小；只有加热到 930～950℃才显著增长的钢，称本质细晶粒钢。

本质晶粒度并不反映钢实际晶粒的大小，只表示在一定温度范围内（930℃以下）奥氏体晶粒长大的倾向性。如图 4-5 所示，在 930℃以下时，本质细晶粒钢奥氏体晶粒长大缓慢，但当温度升至更高时，本质细晶粒钢的晶粒也会迅速长大，甚至比本质粗晶粒钢长大得更快。反之，本质粗晶粒钢在加热稍高于临界点时，也可得到细小的奥氏体晶粒。

钢的本质晶粒度，主要决定于炼钢时加入的脱氧剂和合金元素。用 Al、Ti 等脱氧的或加有 W、V、Nb 等合金元素的钢，属于本质细晶粒钢。奥氏体的本质晶粒度与实际晶粒度是不同的：前者只表示在规定加热条件下奥氏体晶粒长大的倾向；后者是指在具体热处理或热加工条件下获得的奥氏体晶粒大小，它决定了工件热处理或热加工后的晶粒大小。要注意

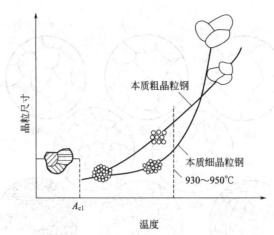

图 4-5　奥氏体晶粒随温度变化示意图

的是，当加热超过某一温度时，会使细小碳化物溶解、聚集长大。

　　② 奥氏体晶粒度对钢在室温下组织和性能的影响　奥氏体晶粒细小时，冷却后转变产物的组织也细小，其强度与塑性韧性都较高，冷脆转变温度也较低；反之，粗大的奥氏体晶粒，冷却转变后仍获得粗晶粒组织，使钢的力学性能（特别是冲击韧度）降低，甚至在淬火时产生变形、开裂。所以，热处理加热时获得细小而均匀的奥氏体晶粒，往往是保证热处理产品质量的关键之一。

　　③ 奥氏体晶粒的长大及控制　奥氏体晶粒长大是个自然过程，随着加热温度升高或保温时间延长，奥氏体晶粒就长大，因为高温下原子扩散能力增强，通过大晶粒"吞并"小晶粒可以减少晶界表面积，从而使晶界表面能降低，奥氏体组织处于更稳定的状态。而高温和长时间保温只是个外因或外部条件。加热温度越高，保温时间越长，奥氏体晶粒就长得越大。

　　热处理加热时为了使奥氏体晶粒不致粗化，除在冶炼时采用 Al 脱氧或加入 Nb、V、Ti 等合金元素元素外，还须制订合理的加热工艺，主要有以下几种。

　　a. 加热温度和保温时间。加热温度越高，晶粒长大越快，奥氏体晶粒越粗大。因此，必须严格控制加热温度。当加热温度一定时，随着保温时间延长，晶粒不断长大，但长大速度越来越慢，不会无限长大下去，所以延长保温时间的影响要比提高加热温度小得多。

　　b. 加热速度。当加热温度一定时，加热速度越快，则过热度越大（奥氏体化的实际温度越高），形核率越高，因而奥氏体的起始晶粒越小；此外，加热速度越快，则加热时间越短，晶粒越来不及长大，所以快速短时加热是细化晶粒的重要手段之一。

4.3　钢在冷却时的组织转变

　　钢件经加热、保温后采用不同方式冷却，将获得不同的组织和性能。根据冷却方法的不同，奥氏体的冷却转变可分为两种：一是将奥氏体急冷到 A_1 以下某一温度，在此温度等温转变；另一种是奥氏体在连续冷却条件下转变。为了了解过冷奥氏体在冷却过程中的变化规律，通常采用等温冷却转变和连续冷却转变（图 4-6）来说明奥氏体的冷却条件和组织转变之间的相互关系。这对热处理工艺的确定、合理选择材料及预测性能具有重要的作用。

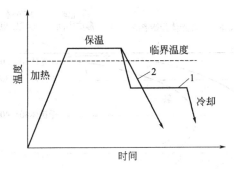

图 4-6　不同冷却方式示意图
1—等温冷却；2—连续冷却

4.3.1　过冷奥氏体的等温转变图

（1）等温转变图的建立

下面以共析钢为例，说明等温转变图的建立过程。选用共析钢制成很多薄片试样。将试样均加热到 727℃ 以上，经过保温后急冷至低于 727℃ 以下的某一温度，这时奥氏体不立即发生转变，需有一个孕育期后才开始转变，这种在孕育期暂时存在的奥氏体称为过冷奥氏体。在等温过程中观察不同过冷奥氏体的变化，测出奥氏体什么时候开始转变，什么时候转变终了，确定转变产物的组织特征与性能。然后将测试结果以温度为纵坐标，以时间为横坐标，画成曲线。例如将试样过冷到 700℃（图 4-7），在此温度等温停留，在 a 点开始转变为珠光体，b 点完全转变为珠光体。如此类推，可获得一系列 a_1、a_2、a_3，b_1、b_2、b_3 点。将所有开始转变点和终了转变点分别用光滑曲线连接起来，便获得该钢的等温转变图。由于其形状类似"C"，故亦称 C 曲线。

（2）奥氏体等温转变产物与性能

奥氏体转变产物的组织和性能，决定于转变温度。在图 4-7 中 C 曲线可分为三个温度范围。

① 珠光体转变区域　过冷奥氏体在 A_1～550℃ 范围内，将分解为珠光体型组织。其中在 A_1～650℃ 温度范围形成珠光体（P）。这时由于过冷小，转变温度高，形成珠光体的渗碳体和铁素体呈片状。在 650～600℃ 温度范围，转变得到较薄的铁素体和渗碳体片，只有在高倍显微镜下才能分清此两相，称为索氏体，用符号 S 表示。在 600～550℃ 范围内，获得的铁素体和渗碳体片更薄，用电子显微镜才能分清此两相，称这种组织为托氏体，用符号 T 表示。珠光体型组织的力学性能，主要决定于其粗细程度，即珠光体层片厚度。珠光体型组织中层片越薄，则塑性变形的抗力越大，强度及硬度就越高，而塑性及韧性则有所下降。在珠光体型组织形态中，托氏体的组织最细，即层片厚度最小，因而它的强度和硬度就较高，如硬度可达 300～450HBW，比珠光体的硬度大得多。

② 贝氏体转变区域　在 C 曲线鼻部（550℃）与 M_s 点之间的范围内，过冷奥氏体等温分解为贝氏体，可用符号 B 表示。

贝氏体的形态主要决定于转变温度，而这一温度界限又与钢中含碳量有一定关系。$w_C>0.7\%$ 以上的钢，大致以 350℃ 为界（钢的成分变化时，这一温度变化不大），高于 350℃ 的产物，组织呈羽毛状，称之为上贝氏体，低于 350℃ 的产物，组织呈针叶状，称之为下贝氏体。

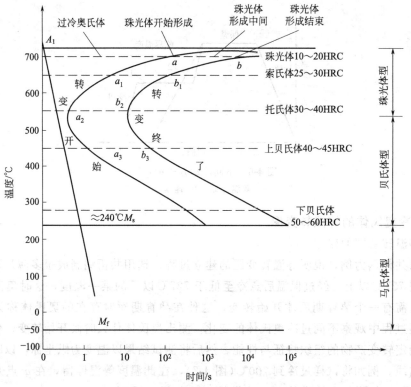

图 4-7　共析钢的奥氏体等温转变图

从性能上看，上贝氏体的脆性较大，基本上无实用价值；而下贝氏体则是韧性较好的组织，是热处理时（如采用等温淬火）经常要求获得的组织。对某些钢种来说，形成下贝体组织是钢材强化的一条途径。如果用电子显微镜观察，上贝氏体中的碳化物渗碳体呈较粗的片状平行分布于铁素体板条间，而下贝氏体中的碳化物是 $Fe_{2.4}C$，呈细小颗粒或短杆状均匀地分布在铁素体针叶内，且针叶铁素体的碳量也有较高过饱和。由于上贝氏体的渗碳体分布在铁素体板条之间，且又不均匀，使板条容易发生脆断，故硬度虽高，但塑性和韧性差，裂纹容易扩展。下贝氏体的强度、塑性、韧性均高于上贝氏体，这是由于碳化物均匀弥散分布在铁素体针叶内造成沉淀硬化，以及铁素体本身过饱和造成固溶强化综合作用的结果。

在图 4-7 上有两条水平线，一条是约 240℃，一条为 50℃。若将奥氏体过冷到这样低的温度，它将转变为另一种组织，称为马氏体，可用符号 M 来表示。M_s 表示马氏体转变开始温度，M_f 表示马氏体转变终止温度。

① 马氏体的晶体结构特点　马氏体转变是在低温下进行的，铁、碳原子均不能扩散，转变时只通过切变（原子间相对移动）过程来实现，而无成分的变化，即固溶在奥氏体中的碳，全部保留在 α-Fe 晶格中，使 α-Fe 超过其平衡量。因此，马氏体实际上是碳在 α-Fe 中的过饱和固溶体。

② 马氏体的组织形态特点　钢中马氏体的组织形态可分为板条状和针状两大类。
板条马氏体的立体形态呈细长的扁棒状，显微组织表现为一束束的细条状组织，每束内的条与条之间尺寸大致相同并平行排列，一个奥氏体晶粒内可以形成几个取向不同的马氏体束。在透射电子显微镜下观察表明，马氏体板条的亚结构主要是高密度的位错，因而又称位错马氏体。

针状马氏体的立体形态呈双凸透镜的片状，在光学显微镜下呈针状形态。在透射电子显微镜下观察表明，其亚结构主要是孪晶，故又称孪晶马氏体。

在一个奥氏体晶粒内，先形成的马氏体片横贯整个晶粒，但不能穿越晶界和孪晶界，后形成的马氏体片不能穿越先形成的马氏体片，所以越是后形成的马氏体片就越小。显然，奥氏体晶粒越细，转变后最大马氏体片的尺寸也越小。当最大马氏体片细小到在光学显微镜下都无法分辨时的马氏体组织称为隐晶马氏体。

马氏体的形态主要取决于奥氏体中的碳的质量分数，当 $w_C < 0.2\%$ 时，组织中几乎完全是板条状马氏体，$w_C > 1.0\%$ 时，则几乎全部是针状马氏体，$w_C = 0.2\% \sim 1.0\%$ 时，组织介于两者之间，为板条状和针状马氏体的混合组织。

③ 马氏体的力学性能特点　高硬度是马氏体力学性能的主要特点。马氏体之所以具有高的硬度，其主要原因是由于过饱和碳引起的晶格畸变，即固溶强化。此外，马氏体转变时造成的大量晶体缺陷（如位错、孪晶等）和组织细化，以及过饱和碳以弥散碳化物析出都对马氏体的强化起重要作用。

马氏体的硬度主要受其碳的质量分数的影响，随碳的质量分数的增加，马氏体的硬度随之增高。当碳的质量分数超过 0.6% 以后，硬度的增加趋于平缓。合金元素对马氏体的硬度影响不大。

马氏体的塑性和韧性主要取决于其内部亚结构的形式和碳的过饱和度。高碳针状马氏体由于碳的过饱和度大，晶格畸变严重，晶内存在大量孪晶，且形成时相互接触撞击而易于产生显微裂纹等原因，造成硬度虽高，但脆性大，塑性、韧性均差。低碳板条状马氏体的亚结构有高密度位错，碳的质量分数低，形成温度较高，会产生"自回火"现象，碳化物析出弥散均匀，因此在具有高强度的同时还具有良好的塑性和韧性，在生产上得到广泛的应用。

④ 马氏体转变的特点

a. 无扩散性。马氏体转变的过冷度极大，转变温度低，铁、碳原子的扩散都极其困难，因此是非扩散型相变，转变过程中没有成分变化，马氏体中碳的质量分数与母相奥氏体中碳的质量分数相同。

b. 变温形成。马氏体转变有其开始转变温度（M_s 点）和转变终了温度（M_f 点）。当过冷奥氏体冷到 M_s 点，即发生马氏体转变，转变量随温度的下降而不断增加，一旦冷却中断，转变便很快停止。随后继续冷却，马氏体可继续形成。

c. 高速长大。马氏体转变没有孕育期，形成速度极快，瞬间形成，瞬间长大。马氏体转变量的增加，不是靠原马氏体片的继续长大，而是靠马氏体片的不断形成。

d. 不完全性。从图 4-7 可以看出，马氏体转变是在一个温度范围内进行的，含碳量对 M_s 和 M_f 点有较大影响。含碳量越高，则马氏体开始转变点 M_s 越低。当过冷奥氏体达到 M_f 点时，仍然有一部分奥氏体不能发生转变，因此马氏体转变不能完全进行，而且 M_f 点越低，未转变的奥氏体越多。这种未转变的奥氏体，称为残留奥氏体。在高碳钢的淬火显微组织里，位于马氏体针叶之间存在着的白色小块，便是残留奥氏体。

残留奥氏体对钢性能的影响，应根据具体情况具体分析，不能一概而论。总的来说，它可降低硬度、强度和耐磨性，但可提高钢的塑性和冲击韧度，甚至在一定条件下对提高断裂韧度 K_{IC} 亦有利。

（3）碳对 C 曲线的影响

在正常加热条件下，$w_C < 0.77\%$ 时，随着含碳量的增加，C 曲线右移；而当

$w_C > 0.7\%$ 时，随着含碳量增加，C 曲线左移。故碳钢中以共析钢过冷奥氏体最为稳定。此外，含碳量还影响 C 曲线的形状，如图 4-8 所示。从此图可以看出，亚共析和过共析钢 C 曲线鼻尖上部区域比共析钢的 C 曲线多一条曲线。这条曲线表示过冷奥氏体转变为珠光体类型组织之前，已经开始发生相变或析出新相，即形成先共析相。亚共析钢形成先共析铁素体，而过共析钢形成先共析渗碳体。

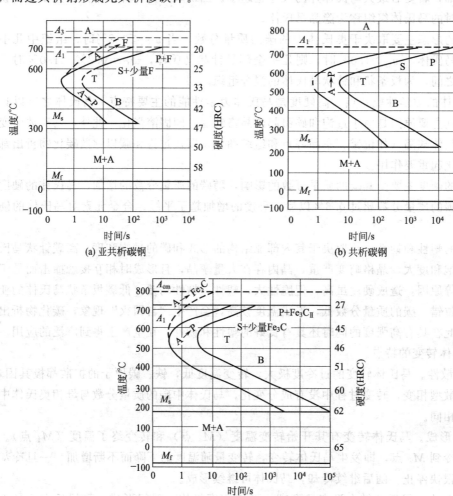

(a) 亚共析碳钢　　　　　　　　　(b) 共析碳钢

(c) 过共析碳钢

图 4-8　碳钢的 C 曲线比较

从图 4-8(a)、(c) 可以看出，亚共析钢和过共析钢奥氏体化后，如果过冷到 C 曲线的最不稳定的鼻尖部分，则无先析相析出，奥氏体可以直接转变为托氏体。这时钢的组织与共析钢一样，但钢并非共析成分，称为"伪共析组织"。

4.3.2　过冷奥氏体在连续冷却条件下的转变

在实际生产中，过冷奥氏体的转变大多是在连续冷却过程中进行的。钢在连续冷却过程中，只要过冷度与等温转变时相对应，则所得到的组织与性能也是相对应的。因此生产上常常采用 C 曲线来分析钢在连续冷却条件下的组织。

结合图 4-4 来分析，图 4-9 中曲线①是共析钢加热后在炉内冷却，冷却缓慢，过冷度很小，转变开始和终了的温度都比较高，当冷却曲线与转变终了曲线相交，珠光体的形成即告结束，最终组织为珠光体，硬度最低，为 180HBW，塑性最好。曲线②为在空气中冷却，冷却速度比在炉中快，过冷度增加，在索氏体形成温度范围与 C 曲线相割，奥氏体最终转变产物为索氏体，硬度比珠光体高（25～35HRC），塑性较好。曲线③是在强制流动的空气中冷却，比在一般的空气中冷却快，过冷度比曲线②大，所以冷却曲线相交于托氏体形成温度范围。最终组织是托氏体，硬度较索氏体高（35～45HRC），而塑性较差。曲线④表示在油中冷却，比风冷更快，以致冷却曲线只有一部分转变为托氏体，而剩下的部分奥氏体冷却到 M_s～M_f 范围内，转变为马氏体，所以最终组织是托氏体＋马氏体，其硬度比托氏体高（45～55HRC），但塑性比其低。曲线⑥为在水中冷却，因为冷却速度很快，冷却曲线不与转变开始线相交，不形成珠光体型组织，直接过冷到 M_s～M_f 范围转变为马氏体，其硬度最高 55～65HRC，而塑性最低。

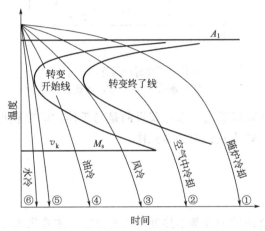

图 4-9 共析钢的连续冷却对其组织性能的影响

由上可知，奥氏体连续冷却时的转变产物及其性能，取决于冷却速度。随着冷却速度增大，过冷度增大，转变温度降低，形成的珠光体弥散度增大，因而硬度增高。当冷却速度增大到一定值后，奥氏体转变为马氏体，硬度剧增。从图 4-9 可以看出，要获得马氏体，奥氏体的冷却速度必须大于 v_k（与 C 曲线鼻尖相切），称 v_k 为临界冷却速度。当 $v > v_k$ 时，获得的组织是马氏体，不出现托氏体。临界冷却速度在热处理实际操作中具有重要意义。临界冷却速度小，钢的淬火能力就大。

临界冷却速度的大小，决定于钢的 C 曲线与纵坐标之间的距离。凡是使 C 曲线右移的因素（如加入合金元素），都会降低临界冷却速度。临界冷却速度小的钢，较慢的冷却也可得到马氏体，因而可以避免由于冷得太快而造成太大的内应力，从而减少零件的变形与开裂。

用 C 曲线来估计连续冷却时的转变过程，虽然在生产上能够使用，但结果很不准确。20 世纪 50 年代以后，由于实验技术的发展，才开始精确地测定很多钢的连续冷却转变图（又称 CCT 曲线），直接用来解决连续冷却的转变问题。

最简单的是共析钢的连续冷却转变图，如图 4-10 所示。在连续冷却转变图中也称 v_k 为上临界冷却速度，它是获得全部马氏体组织的最小冷却速度。同 C 曲线一样，v_k 越小，钢件在淬火时越容易得到马氏体组织，即钢的淬火能力越大。v_k 称为下临界冷却速度，是得到全部珠光体组织的最大冷却速度。v_k 越小，则退火所需要的时间越长。

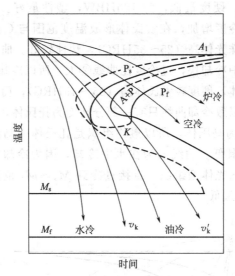

图 4-10　共析钢的连续冷却
转变曲线（虚线为 C 曲线）

结合图 4-4、图 4-10 可以看出，水冷获得的是马氏体；油冷获得的是马氏体＋托氏体；空冷获得的是索氏体；而炉冷获得的是珠光体。

4.4　退火与正火

钢的退火与正火是常用的两种基本热处理工艺方法，主要用来处理工件毛坯，为以后切削和最终热处理做组织准备，因此，退火与正火通常又称为预备热处理。对一般铸件、焊接件以及性能要求不高的工件来讲，退火和正火也可作为最终热处理。

4.4.1　钢的退火

钢的退火是将工件加热到适当温度，保持一定时间，然后缓慢冷却的热处理工艺。其目的是消除钢的内应力；降低硬度，提高塑性；细化组织，均匀成分，以利于后续加工，并为最终热处理做好组织准备。根据钢的化学成分和退火目的不同，退火常分为：完全退火、球化退火、去应力退火、扩散退火和再结晶退火等。在机械零件、工具、模具的制造过程中，一般采用退火作为预备热处理工序，安排在铸造或锻造等工序之后，粗切削加工之前，用来消除前一工序中所产生的某些缺陷，为后续工序做好组织准备。

各种退火工艺与正火工艺的加热温度范围如图 4-11 所示。部分退火工艺曲线与正火工艺曲线如图 4-12 所示。

（1）完全退火

完全退火是将工件完全奥氏体化后缓慢冷却，获得接近平衡组织的退火。完全退火后所得到的室温组织为铁素体和珠光体。

完全退火主要用于亚共析钢的铸件、锻件、焊接件等。共析钢、过共析钢不宜采用完全退火，因为加热到 A_{ccm} 线以上退火后，二次渗碳体以网状形式沿奥氏体晶界析出，使钢的强度和韧性显著降低，同时也使零件在后续的热处理工序如淬火过程中容易产生淬火裂纹。

（2）球化退火

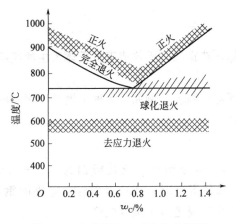

图 4-11 各种退火、正火加热温度

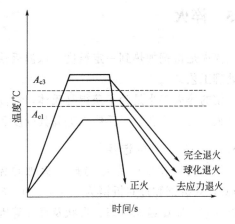

图 4-12 部分退火、正火工艺曲线

球化退火是使工件中碳化物球状化而进行的退火，所得到的室温组织为铁素体基体上均匀分布着球状（粒状）渗碳体，即球状珠光体组织。在保温阶段，没有溶解的渗碳体会自发地趋于球状（球体表面积最小）化，并在随后的缓冷过程中，球状渗碳体会逐渐地长大，最终形成球状珠光体组织。球化退火的目的是降低硬度，改善可加工性，并为淬火做组织准备。球化退火主要用于过共析钢和共析钢制造的刃具、量具、模具、滚动轴承等零件。

（3）去应力退火

去应力退火是为去除工件塑性形变加工、切削加工或焊接造成的内应力及铸件内存在的残余应力而进行的退火。去应力退火主要用于消除钢件在切削加工、铸造、锻造、热处理、焊接等过程中产生的残余应力，并稳定其尺寸，钢件在去应力退火的加热及冷却过程中无相变发生。

4.4.2 钢的正火

正火是指工件加热奥氏体化后在空气中冷却的热处理工艺。正火的目的是细化晶粒，提高硬度，消除网状渗碳体，并为淬火、切削加工等后续工序做组织准备。

正火与退火相比，奥氏体化温度较高；冷却速度较快，过冷度较大，因此，正火后所得到的组织比较细，强度和硬度比退火高一些；同时正火与退火相比，具有操作简便，生产周期短，生产效率高，成本低的特点。在生产中正火主要应用于如下场合。

① 改善切削性能。低碳钢和低合金钢退火后，铁素体所占比例较大，硬度偏低，切削加工时有"粘刀"现象，而且表面粗糙度值较大。通过正火能适当提高硬度，改善可加工性。因此，低碳钢、低合金钢选择正火作为预备热处理；而 $w_C > 0.5\%$ 的中高碳钢、合金钢则选择退火作为预备热处理。

② 消除网状碳化物，为球化退火作组织准备。对于过共析钢，正火加热到 A_{ccm} 以上可使网状碳化物充分溶解到奥氏体中，空气冷却时碳化物来不及析出，则消除了网状碳化物组织，同时也细化了珠光体组织，有利于以后的球化处理。

③ 用于普通结构零件或某些大型非合金钢工件的最终热处理，以代替调质处理，如铁道车辆的车轴。

④ 用于淬火返修件，消除应力，细化组织，防止重新淬火时产生变形与开裂。

4.5　淬火

　　淬火是将钢加热到一定温度。保温后快速冷却，获得以马氏体或下贝氏体为主的组织的热处理工艺。

　　钢的淬火多半是为了获得马氏体，提高它的硬度和强度。例如，各种工模具、滚动轴承的淬火，是为了获得马氏体以提高其硬度和耐磨性。

4.5.1　淬火温度的选择

　　根据钢的相变临界点选择淬火加热温度，其一般原则是：亚共析钢为 $A_{c3}+(30\sim 50)℃$，共析钢和过共析钢为 $A_{c1}+(30\sim 50)℃$。选择温度时，还应考虑淬火零件的钢种、性能要求、原始组织状态、形状及尺寸等因素，必要时要进行小批量试淬。

　　如果淬火是为了获得马氏体，亚共析钢正常温度淬火后应是均匀细小的马氏体组织，在光学显微镜下看不到什么组织形态，称为隐晶马氏体。淬火温度过高将得到粗大马氏体组织，可以在光学显微镜下看到马氏体晶体，同时会引起钢件较严重变形。若淬火温度过低，在淬火组织中会出现铁素体，使淬火组织出现软点，降低钢的强度和硬度。

　　共析钢和过共析钢淬火温度在 A_{c1} 以上 $30\sim 50℃$ 后，获得的组织是均匀细小马氏体和粒状渗碳体。超过此温度得到的是粗针状马氏体，同时引起严重变形，增大开裂倾向。

　　此外，由于渗碳体溶解过多，增加残留奥氏体量，降低钢的硬度和耐磨性。若温度过低，则获得非马氏体组织，达不到性能要求。

　　如图 4-13 所示为碳钢淬火热处理工艺的加热温度范围。

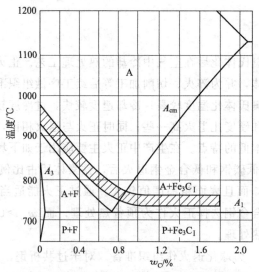

图 4-13　碳钢淬火热处理工艺的加热温度范围

4.5.2　保温时间

　　保温的目的是使钢件热透，使奥氏体转变彻底并均匀化。其时间长短主要根据钢的成分、加热介质和零件尺寸来决定，可根据热处理手册或其他资料来确定。

4.5.3 淬火冷却介质

钢在加热获得奥氏体后需要用一定冷却速度的介质冷却,保证奥氏体过冷到 M_s 点以下转变为马氏体。如果介质的冷却能力太大,虽易于淬硬,但容易变形和开裂;而冷却能力太小,钢件又淬不硬。冷却介质有油、水、盐水、碱水等,其冷却能力依次增加。

目前,国外广泛采用聚合物水溶液作为淬火介质,如聚乙烯醇、聚二醇、五硫酸盐纸浆等。在聚二醇溶液中冷却时,零件表面形成聚二醇薄膜,使冷却均匀,可减少零件变形和开裂。

根据奥氏体等温转变图可知,要获得马氏体组织,并不需要在整个冷却过程中都要快速冷却,只要求在 650～550℃ (鼻尖附近)快冷。为了减少零件淬火时因快速冷却产生应力而引起的变形和开裂,最好在鼻尖部分以外温度(略低于 A_1 点和稍高于 M_s 点)采用缓慢冷却,因此,理想的冷却曲线如图 4-14 所示。不过,目前生产中还没有一种冷却介质能获得这种淬火速度。

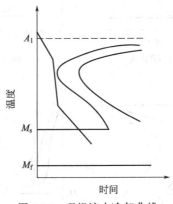

图 4-14 理想淬火冷却曲线

4.5.4 常用淬火方法

(1) 单介质淬火

单介质淬火是将淬火零件放入一种淬火介质中冷却,如图 4-15(a)所示。这种方法虽然有容易变形、开裂的缺点,但它的操作简单,容易实现机械化、自动化,故应用广泛。

(2) 双介质淬火

如图 4-15(b)所示,零件先在水中淬火,待冷到 300～400℃时取出放入油中冷却。这种方法的优点是高温冷却快,使奥氏体不转变为珠光体;在低温冷却较慢,减小了马氏体转变的应力。对于形状复杂的碳钢件,为了防止开裂和减小变形,适宜采用双介质淬火。

(3) 分级淬火

如图 4-15(c)所示,把零件放入稍高(或稍低)于 M_s 的盐槽或碱槽中(150～260℃),保温一定时间,然后取出空冷。保温时要避免奥氏体分解。这种方法的优点是应力小,变形轻微,但由于盐浴或碱浴冷却能力不够大,故只适宜形状复杂的小零件。

(4) 等温淬火

对一些形状复杂而又要求较高硬度或强度与韧性相结合的工具、模具或机器零件,可进行等温淬火以得到下贝氏体组织。其方法是零件放入温度高于 M_s [图 4-15(d)]的盐槽或碱槽中,保温使其发生下贝氏体转变后在空气中冷却。等温淬火处理的零件强度高,韧性和塑性好，即具有良好的综合力学性能，同时淬火应力小，变形小，多用于形状复杂和要求高的小零件。

（5）局部淬火

对某些零件，如果只是在某些部位要求高硬度，可进行局部加热和淬火，以避免其他部分产生变形和裂纹。

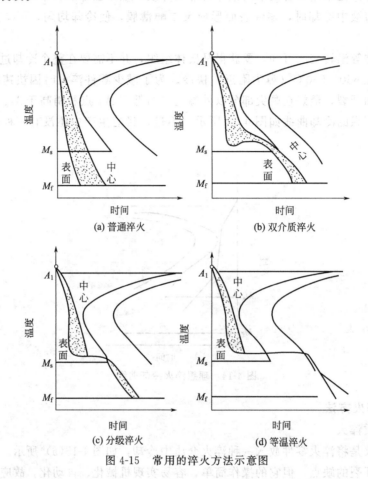

图 4-15　常用的淬火方法示意图

4.5.5　钢的淬透性

（1）钢的淬透性和淬硬性

在生产中常常碰到有的钢件淬不上火。碳钢件有的在水中能淬上火，但在油中就淬不上。有时表面能淬上火而心部却淬不上。所谓淬不上火，就是说没有得到马氏体，即没有淬硬。为此，对某一种钢，就需要了解它在某种介质中能否淬上火？能淬多深？

钢的淬透性是指在标准条件下，钢在淬火冷却时获得马氏体组织深度的能力，获得马氏体的深度越大，钢的淬透性就越大。

淬火时零件截面上各处冷却速度是不同的，表面的冷却速度最大，越到中心冷却速度越小，如图 4-16（a）所示。冷却速度大于该钢 v_k 的表面层部分，淬火后得到马氏体组织，见图 4-16（b）。所以，此零件未被淬透，图中的影线区域表示淬成马氏体组织的深度。

由于马氏体组织混入少量非马氏体组织（5%～10%）时，在显微镜下难以分辨，而且硬度的差别也难被测出。因此，实际上是采用由零件表面向里得到半马氏体组织（50% 马氏

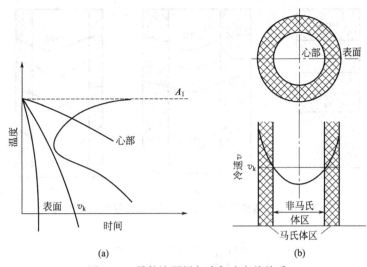

图 4-16 零件淬硬层与冷却速度的关系

体＋50％非马氏体）时的深度作为有效淬硬层深度。因为不同成分钢半马氏体组织的硬度主要决定于钢的含碳量，以它作为淬硬层的界限，就容易用测量硬度的办法来确定有效淬硬深度。

钢的淬透性和淬硬性是两个不同的概念。淬硬性是指淬火成马氏体后得到的最高硬度，主要决定于含碳量，与合金元素含量没有多大关系；淬透性是指淬硬层的深度，除含碳量外，还受合金元素和其他因素（如晶粒度）的影响。淬透性好的钢，它的淬硬性不一定高。低碳合金钢的淬透性相当好，但它的淬硬性却不高；高碳钢的淬硬性高，但它的淬透性却差。

必须指出，不要把钢的淬透性和具体条件下焊体零件的淬透层深度混为一谈。在同样奥氏体化条件下，同一种钢的淬透性是相同的，但不能说同一种钢水淬与油淬时的有效淬透深度相同。同一种钢材制的零件，如果尺寸、形状等不同，可能有效淬透深度在油中的反而比在水中的为大。因此，谈具体有效淬透层深度时，必须考虑零件的形状、尺寸和冷却介质等的影响。

（2）淬透性对钢力学性能的影响

一个零件如果淬透了，不论是淬火后还是淬火＋回火后，整个截面各处性能是均匀一致的，如图 4-17(a) 所示。但是如果未淬透，则截面各处的组织和性能不均匀，未淬透部分的力学性能，尤其是 σ_s 和 σ_k 值明显下降，如图 4-17(b) 所示。钢的淬透性越小，零件的淬硬层越浅，未淬透部分的比例越大，如图 4-17(c) 所示，这就使零件承受载荷的能力大大下降。

（3）影响钢淬透性的因素

凡增加过冷奥氏体稳定性的因素，均能增加钢的淬透性，主要表现在以下方面。

① 化学成分的影响。化学成分对钢的淬透性影响最大。含碳量对碳素钢临界冷却速度的影响如图 4-18 所示。由图可知，在亚共析成分范围内，随着含碳量的增加，钢的临界冷却速度降低；在过共析范围内，随着含碳量增加，临界冷却速度反而增大。因此，一般说来，在亚共析钢中，淬透性随着含碳量增加而增大；而在过共析钢中，当 $w_C > 1.2\%$ 时，淬透性随含碳量增加而明显下降。

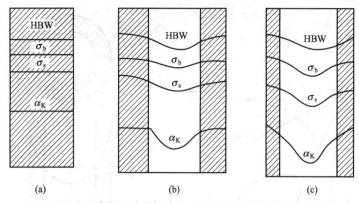

图 4-17 淬透性对零件淬火＋回火后力学性能的影响

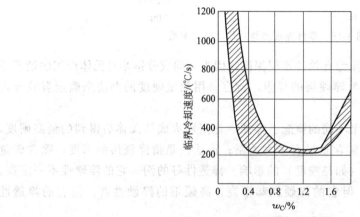

图 4-18 含碳量对碳钢临界
冷却速度的影响

② 奥氏体化条件的影响。奥氏体化温度越高，保温时间越长，由于奥氏体晶粒粗大，成分均匀，各种碳化物溶解彻底，使过冷奥氏体越稳定，淬火临界冷却速度小，故钢的淬透性增大。但需指出，粗晶粒并不适宜，因为它引起强度和塑性下降，开裂倾向增大。

4.5.6 淬火缺陷及其防止措施

在机械制造中，淬火工序通常都是安排在零件的工艺路线的后期。淬火时最易产生的缺陷是变形和淬裂。如只产生变形，虽然有些零件可设法校正，或靠预先留出加工余量，通过随后的机械加工（如磨削）使之达到技术条件要求，但这样却使生产工艺复杂化，且降低了劳动生产率，提高了成本。有些零件，如带型腔的模具、成形刀具或高强度钢制零件（如飞机大梁等），淬火后往往不便于或不可能进行校正或机械加工，一旦变形超差就导致报废。至于零件淬裂，自然更无法挽救，从而给生产上带来损失。

除变形和开裂外，在淬火中还会产生氧化和脱碳、过热和过烧、硬度不足和软点等缺陷。

（1）变形与开裂

变形是指零件在热处理时引起的形状和尺寸的偏差。淬火时在零件中引起的内应力是造成变形和开裂的根本原因。当内应力超过材料的屈服强度时，便引起零件变形；当内应力超过材料的断裂强度时，便造成零件开裂。内应力分为热应力和组织应力。热应力是在加热和冷却过程中，零件因内、外层加热和冷却速度不同所造成的各处温度不一致，致使热胀冷缩的程度不同而产生的。冷却速度越大，造成零件内外温差越大，内应力也越大。

零件由高温冷却时，开始时表面收缩大，心部受阻碍而使表面受拉应力；而在冷却的后期，表面反过来阻碍心部的冷却，使心部受拉应力而表面受压应力。零件由纯热应力引起的变形如图 4-19(a) 所示。

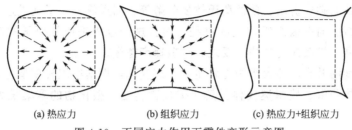

(a) 热应力　　　　　　(b) 组织应力　　　　(c) 热应力+组织应力

图 4-19　不同应力作用下零件变形示意图

组织应力是在加热或冷却过程中，由零件内部组织转变发生的时间不同所造成的内应力。

对同一种钢，马氏体比体积最大，奥氏体比体积最小。淬火时表面先转变为马氏体，体积增大，心部仍为奥氏体，这时心部阻碍表面积增大。表面产生压应力而心部产生拉应力。当心部开始马氏体转变时，表面已经转变完了，已成硬壳，阻碍心部胀大，使之受压，而心部使表面受拉，结果产生拉应力。纯粹组织应力作用使零件变形的趋势如图 4-19(b) 所示。

淬火时零件的变形是两种内应力综合作用的结果，如图 4-19(c) 所示。

（2）氧化和脱碳

钢在氧化介质中加热时，氧原子与零件表面或晶界的铁原子发生的化学反应称为氧化。在介质中加热，使钢中溶解的碳形成 CO 或 CH_4 而降低含碳量的现象称为脱碳。

氧化和脱碳不仅降低零件的表面硬度和疲劳强度，而且还会影响零件尺寸，增加淬火开裂危险性。对重要受力零件和精密零件，为了防止氧化和脱碳，通常在盐浴炉内加热，但这种方法只能减轻氧化和脱碳，不能完全避免。要求更高时，可采用有效涂料保护或在保护气氛及真空炉中加热的方法。

（3）过热和过烧

零件在热处理时，如果加热温度过高或在高温下保温的时间过长，则会引起奥氏体晶粒显著长大，这种现象称为过热。过热会影响零件随后热处理后的力学性能，一般可用正火办法矫正。如果加热温度过高，使钢的晶界严重氧化或熔化，这种现象称为过烧。过烧会严重降低钢的力学性能，而且不能用其他办法挽救，使零件报废，因此必须严格控制加热温度。

（4）硬度不足和软点

硬度不足是指工件上较大区域内的硬度达不到技术要求；软点是指工件内许多小区域的硬度不足。控制措施主要有加快冷却速度、保证淬火加热温度及保温时间。

4.6　回火

回火是指工件淬硬后，加热到 A_{c1} 以下的某一温度，保温一定时间，然后冷却到室温的热处理工艺。淬火钢的组织主要由马氏体和少量残留奥氏体组成（有时还有未溶碳化物），其内部存在很大的内应力,脆性大,韧性低,一般不能直接使用,如不及时消除,将会引起工件的变形,甚至开裂。回火一般安排在淬火之后进行,通常也是零件进行热处理的最后一道工序。其目的是消除和减小内应力,稳定组织,调整性能,以获得较好的强度和韧性。

4.6.1 钢在回火时组织和性能的变化

淬火钢中的马氏体与残留奥氏体都是不稳定组织,它们有自发向稳定组织转变的趋势,如马氏体中过饱和的碳要析出、残留奥氏体要分解等。回火就是为了促进这种转变。因回火是一个由非平衡组织向平衡组织转变的过程,而且这个过程是依靠原子的迁移和扩散进行的。回火温度越高,扩散速度越快;反之,扩散速度越慢。

随着回火温度的升高,淬火组织将发生一系列变化,根据组织转变情况,回火一般分为四个阶段:马氏体分解、残留奥氏体分解、碳化物转变、碳化物的聚集长大与铁素体的再结晶。

(1) 回火第一阶段 (≤200℃)——马氏体分解

在80℃以下温度回火时,淬火钢中没有明显的组织转变,此时只发生马氏体中碳的偏聚,而没有开始分解。

在80~200℃回火时,马氏体开始分解,析出极细微的碳化物,使马氏体中的碳浓度降低。在这一阶段中,由于回火温度较低,马氏体中仅析出了一部分过饱和的碳原子,所以它仍是碳在α-Fe中的过饱和固溶体。析出的极细微碳化物,均匀分布在马氏体基体上。这种过饱和度较低的马氏体和极细微碳化物的混合组织称为回火马氏体。

(2) 回火第二阶段 (200~300℃)——残留奥氏体分解

当温度升至200~300℃范围时,马氏体分解继续进行,但占主导地位的转变已是残留奥氏体分解过程了。残留奥氏体分解通过碳原子的扩散先形成偏聚区,进而分解为α相和碳化物的混合组织,即形成下贝氏体。此阶段钢的硬度没有明显降低。

(3) 回火第三阶段 (250~400℃)——碳化物转变

在此温度范围,由于温度较高,碳原子的扩散能力较强,铁原子也恢复了扩散能力,马氏体分解和残留奥氏体分解析出的过渡碳化物将转变为较稳定的渗碳体。随着碳化物的析出、转变,马氏体中碳的质量分数不断降低,马氏体的晶格畸变消失,马氏体转变为铁素体。得到铁素体基体内分布着细小粒状(或片状)渗碳体组织,该组织称为回火托氏体。此阶段淬火应力基本消除,硬度有所下降,塑性、韧性得到提高。

(4) 回火第四阶段 (>400℃)——碳化物的聚集长大与铁素体的再结晶

由于回火温度已经很高,碳原子和铁原子均具有较强的扩散能力,第三阶段形成的渗碳体薄片,将不断球化并长大。在500~600℃以上时,α相逐渐发生再结晶,使铁素体形态失去原来的板条或片状,而形成多边形晶粒,此时组织为铁素体基体上分布着粒状碳化物,该组织称为回火索氏体,回火索氏体具有良好的综合力学性能。此阶段内应力和晶格畸变完全消除。由图4-20可见,淬火钢随回火温度的升高,强度、硬度降低而塑性与韧性提高。

4.6.2 回火方法及其应用

回火是最终热处理,根据钢在回火后组织和性能的不同,按回火温度范围可将回火分为三种:低温回火、中温回火和高温回火。

(1) 低温回火

低温回火温度范围是250℃以下。经低温回火后组织为回火马氏体,保持了淬火组织的

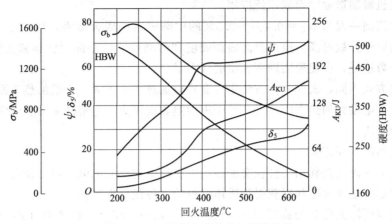

图 4-20　40 钢回火后性能与温度关系

高硬度和耐磨性，降低了淬火应力，减小了钢的脆性。低温回火后硬度一般为 58～62HRC。主要用于高碳钢、合金工具钢制造的刃具、量具、冷作模具、滚动轴承及渗碳件、表面淬火件等。

（2）中温回火

中温回火温度范围是 250～450℃。淬火钢经中温回火后组织为回火托氏体，降低了淬火应力，使工件获得高的弹性极限和屈服强度，并具有一定的韧性。中温回火后硬度一般为 35～50HRC。主要用于处理弹性元件，如各种卷簧、板簧、弹簧钢丝等。有些受小能量多次冲击载荷的结构件，为了提高强度，增加小能量多冲抗力，也采用中温回火。

（3）高温回火

高温回火温度范围是 500℃以上。淬火钢经高温回火后组织为回火索氏体，淬火应力可完全消除，强度较高，有良好的塑性和韧性，即具有良好的综合力学性能。回火后硬度一般为 200～330HBW。另外，钢件淬火加高温回火的复合热处理工艺又称为调质处理，它主要用于处理轴类、连杆、螺栓、齿轮等工件。同时，钢件经过调质处理后，不仅具有较高的强度和硬度，而且塑性和韧性也显著比经正火处理后高，因此，一些重要的零件一般都采用调质处理，而不采用正火处理。

调质处理一般作为最终热处理，但由于调质处理后钢的硬度不高，便于切削加工，并能得到较好的表面质量，故也作为表面淬火和化学热处理的预备热处理。

4.7　其他热处理工艺

4.7.1　钢的表面淬火

表面淬火是强化金属材料表面的重要手段之一。在生产实际中，许多工件是在弯曲、扭转载荷下工作，同时受到磨损和冲击，这就要求工件表面一定深度范围内具有高硬度、高强度和耐磨性，而心部保持高的塑性和韧性。经表面淬火的工件不仅提高了表面硬度、耐磨性，而且与经过适当预备热处理的心部组织相配合，可以获得很好的韧性和高的疲劳强度。

钢的表面淬火是在不改变钢件的化学成分和心部组织的情况下，采用快速加热将表面一定深度范围内奥氏体化后，然后迅速冷却进行淬火，以达到强化工件表面的热处理方法。其特点是加热速度快，热处理变形小，强化效果显著，设备的机械化、自动化程度高，生产效率高，所以在机械制造业中得到广泛应用。

表面淬火用钢一般为 $w_C=0.4\%\sim0.5\%$ 的中碳钢或中碳合金钢，如 45、40Cr、42Mn 等。如果碳的质量分数过高，虽可提高表面硬度和耐磨性，但心部塑性和韧性较低。反之，若碳的质量分数过低，会使表面硬度和耐磨性不足。

根据加热方式不同，表面淬火方法主要有感应加热表面淬火、火焰加热表面淬火、激光加热表面淬火、电接触加热表面淬火、电子束加热表面淬火、电解液加热表面淬火，其中前两种应用最为广泛。

（1）感应加热表面淬火

感应加热表面淬火是利用工件在交变磁场中所产生的感应电流，将工作表面迅速加热到淬火温度，然后快速淬火冷却以获得马氏体组织的一种热处理工艺。

感应加热表面淬火可分为高频（$f=100\sim500$ kHz）淬火、超音频（$f=20\sim60$kHz）淬火、中频（$f=1\sim10$kHz）淬火、工频（$f=50$Hz）淬火。

① 感应加热表面淬火的原理　感应加热表面淬火的装置如图 4-21 所示，主要由外接电源（图中未标出）、加热感应线圈及淬火用喷水回路组成。当加热感应线圈中通过一定频率的交变电流时，感应线圈周围所产生的交变磁场使放入感应线圈内的工件感应出很大的感应电流（涡流）。涡流在工件表面的密度最大，越往心部越小，而心部的电流密度几乎为零，电流频率越高，涡流集中的表面层越薄，这种现象称为集肤效应。由于钢件本身具有电阻，因而集中于表层的电流可使表层被迅速加热，几秒钟内温度便可升至 $800\sim1000$℃，此时，立即断电，喷水冷却，工件表面即可淬硬，心部因未能加热到淬火温度，仍然保持原始的组织和性能。淬火时随着频率的降低，表面淬硬层深度增加。

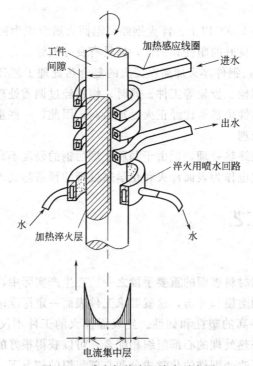

图 4-21　感应加热表面淬火示意图

② 感应加热表面淬火方法

a. 同时加热淬火法。这种方法是对工件需要淬硬的表面同时加热到淬火温度，然后迅速冷却淬火。冷却一般采用喷射冷却或浸液冷却。该方法适用于齿轮、凸轮轴、曲轴及局部淬硬的轴类或异形零件等的表面硬化。

b. 连续加热淬火法。这种方法是对工件需淬硬部位中的一部分同时加热，通过感应线圈与工件之间的相对移动，把已加热部分移至冷却位置冷却，待加热部分移至感应线圈中加热，如此连续进行，直至需硬化部位全部淬火完毕。这种方法适用于淬硬区较长的轴类、杆类、大平面类零件的表面淬火。

③ 感应加热表面淬火的特点

与普通加热表面淬火相比，感应加热表面淬火有如下特点。

a. 感应加热速度快，加热时间短，生产效率高。

b. 因加热速度快，奥氏体晶粒细，淬火后获得隐晶马氏体，表面硬度比一般淬火高出2～3HRC，耐磨性提高，而且脆性小。

c. 淬火形成的马氏体因体积膨胀，在表面造成较大的残余压应力，可有效提高零件的疲劳强度。

d. 因加热速度快，时间短，工件表面氧化脱碳少。

e. 由于表面淬火，工件心部热影响小，无相变，因此工件变形小。

f. 淬火加热温度及淬硬层深度容易控制，便于实现机械化和自动化操作，工作条件好。

由于有以上优点，工业上应用感应加热表面淬火比较广泛。

（2）火焰加热表面淬火

应用可燃性气体（主要是氧-乙炔）火焰对零件表面一定尺寸范围进行加热，使其奥氏体化并淬火的工艺称为火焰加热表面加热淬火。氧-乙炔火焰的温度高达 3100℃，可将工件表层很快加热到淬火温度，快速冷却即可达到表面淬火的效果。如图 4-22 所示为火焰加热表面淬火示意图。

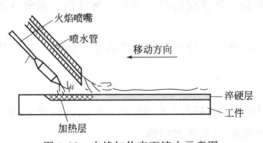

图 4-22 火焰加热表面淬火示意图

火焰加热表面淬火的淬硬层深度可通过调整火焰喷嘴到工件表面的距离，改变喷嘴与工件相对移动速度来控制。其淬硬层深度一般在 2～8mm 范围内。

火焰加热表面淬火有设备简单、使用方便、成本低廉等优点，但其表面易过热，淬硬层深，安全性不高，一般适用于单件、大型工件的局部淬火及其他工艺不易达到的零件的局部淬火。

（3）激光加热淬火

激光加热淬火是以高能量激光作为能源以极快速度加热工件并自冷硬化的淬火工艺。

目前，应用于热处理的激光主要由 CO_2 气体激光器提供。其发射波长为 $10.6\mu m$、肉眼不可见的远红外线。与其他激光器相比，CO_2 激光器具有输出功率高，效率高，能长时间连续工作等特点。

激光加热时，工件表面吸收的能量，由于工件表面光洁度较高，其反射比较大，吸收比几乎为零。为了提高吸收比，通常要对表面进行黑化处理，常用的涂料有磷酸锌盐膜、磷酸锰盐膜、炭黑等，其中以磷酸锌盐膜效果最好，吸收比可提高到 80%。

激光加热淬火的特点如下。

① 具有高达 $10^6\mathrm{W/cm^2}$ 的能量密度，加热速度极快，可在百分之几秒内加热至淬火温度；淬火靠工件自激冷却，不需冷却介质，冷却速度可达 104℃/s，大大高于一般淬火速度，生产效率高。

② 由于加热冷却极快，淬火后可得到超细晶粒，硬度比常规淬火高 5%～10%，耐磨性好。

③ 激光加热对工件表面产生极大的冲击作用，可使表面产生 4000MPa 以上的压应力，有助于提高疲劳强度。

④ 可对工件进行局部的选择性淬火，特别是其他淬火方法难于实现的部位，如内孔、盲孔、内腔、沟槽等的局部淬火。

⑤ 可以利用激光进行局部表面合金化处理。用激光照射经过涂层或镀层的表面，获得与基体不同的合金化表层。

⑥ 激光淬火应力及变形极小，表面光整，不需要进行表面精加工。

4.7.2 钢的化学热处理

钢的化学热处理是将工件置于一定温度的活性介质中保温，使介质中一种或几种活性原子渗入工件表面层，通过改变表面层化学成分和组织来获得所需性能的一种热处理工艺。

化学热处理能同时改变工件表面的化学成分和组织，获得单一材料难以获得的性能，或进一步提高工件的使用性能。如渗碳、碳氮共渗可提高工件表层硬度、耐磨性与疲劳强度；渗氮、渗铬、渗硼等可提高工件表层的耐磨性和耐腐蚀性；渗硫可提高减摩性；渗铝提高工件表层的抗氧化性。

根据渗入元素的不同，化学热处理可以分为渗碳、渗氮、碳氮共渗、渗铝、渗铬、渗硼及多元共渗碳。

（1）钢的渗碳

把零件置于渗碳介质中，加热保温适当时间，使活性碳原子渗入钢的表面，以提高工件表面的碳的质量分数的热处理工艺称为渗碳。

渗碳后经淬火和低温回火，使工件表面具有高的硬度、耐磨性及疲劳抗力，而心部仍保持足够的强度和韧性。

为了保证工件心部具有较高的韧性，渗碳用钢是碳的质量分数为 0.15%～0.25% 的低碳钢和低碳合金钢，如 15、20、20Cr、20CrMnTi、20CrNi、18Cr2Ni4W 等。

根据所用渗碳介质的工作状态，渗碳方法一般分为气体渗碳法、固体渗碳法和液体渗碳法。由于气体渗碳生产效率高、渗层质量易控制、劳动强度低，故在生产中被广泛应用。近几年，为进一步提高渗碳效率和质量，还有采用真空渗碳。

① 气体渗碳法　气体渗碳法是将工件放入密封的渗碳炉内，加热到 900～950℃，向炉内滴入易分解的渗碳剂（如煤油、煤油＋甲醇、苯、丙酮等），使其在高温下裂解成渗碳气氛。气氛产生以下反应，生成活性碳原子。

② 固体渗碳法　固体渗碳法是将工件装入有固体渗碳剂的密封箱中（一般用黄泥或耐火泥密封），放入炉中加热至渗碳温度保温，使工件表面增碳的方法。

③ 液体渗碳　也称液体碳氮共渗，其盐浴温度在720℃左右，渗层厚度可在0.08～0.3mm。渗碳后，工件表面形成高硬度、高强度、高抗磨性的碳氮马氏体薄层，心部仍保持高的韧、塑性。适用于抗冲击载荷、抗磨损的零件的热处理，如小模数汽车、机床齿轮箱的传动齿轮，摩托车传动件，高速缝纫机的滑动摩擦件、自行车的轴瓦和轴挡，注塑机的顶杆，碾米筛等以及大批量的薄板零件，耐磨、耐冲击的小五金件等。

④ 真空渗碳法　真空渗碳是将零件放入特制的真空渗碳炉中，先抽真空达到一定的真空度，然后将炉温升至渗碳温度，再通入一定量的渗碳气体进行渗碳。由于炉内无氧化性气体等其他不纯物质，零件表面无吸附气体，因而表面活性大，通入渗碳气体后渗碳速度快，获得同样渗层厚度的渗碳时间约为普通气体渗碳的三分之一，而且表面光亮。

（2）钢的渗氮（氮化）

渗氮是将工件放入含氮介质中加热并保温，使氮原子渗入钢的表面，形成高氮硬化层的化学热处理工艺。渗氮可以提高表面层的硬度、耐磨性、疲劳强度和抗蚀性。

根据使用介质的不同，分为气体、液体和固体渗氮。其中气体渗氮应用最广。

① 渗氮原理　气体渗氮是将氨气通入加热至渗氮温度（500～600℃）的密封渗氮罐中，氨气在钢的表面分解出活性氮原子，其反应式为

$$NH_3 \longrightarrow 3H_2 + 2[N]$$

活性氮原子被钢表面吸收，首先溶入 α-Fe 中，当氮溶解度超出正常溶解度后，便与铁和合金元素形成化合物，并向心部扩散，形成一定厚度的氮化层。

渗氮温度较低，一般在 500～600℃，渗氮层的深度为 0.3～0.7mm，渗氮时间一般为20～50h，为了缩短渗氮时间，生产中常采用二段氮化法。

渗氮前须将工件调质处理，以获得回火索氏体组织，保证工件心部具有较高的屈服强度和韧性，并减少渗氮的变形。

② 特点

a. 氮化层表面硬度高（＞950HV），耐磨性好，具有较高的红硬性。

b. 提高钢的疲劳强度。

c. 具有较高的抗蚀能力。

d. 氮化后工件变形小。

（3）碳氮共渗

向钢件表层同时渗入碳和氮的过程称为碳氮共渗。碳氮共渗一般分为高温、中温和低温三种。前两种以渗碳为主，最后一种以渗氮为主。目前后两者应用较为广泛。

① 中温碳氮共渗　中温碳氮共渗的温度是 840～860℃，共渗介质有多种，最常见的是将渗碳气体和氨气同时通入密封炉内，在共渗温度下分解出活性碳、氮原子，并渗入工件表层形成共渗层。零件共渗后需进行淬火和低温回火。一般零件的共渗层深度为 0.5～0.8mm，共渗保温为 4～6h。

② 低温碳氮共渗　低温碳氮共渗的温度为 520～570℃，以渗氮为主，保温时间为 3～4h，共渗剂一般用吸热式气氛和氨气混合气，也有用尿素、甲酰胺等加氨气的。该工艺可有效地提高工件的耐磨性、疲劳强度和抗咬合性等，同时生产周期短、成本低、工件变形小、不受钢材限制。

（4）其他化学热处理

① 渗硼　工件表面渗入硼原子，形成渗硼层的工艺称为渗硼。硼渗入工件表面，形成铁的硼化物，使工件表面有极高的硬度（1200～1800HV）和耐磨性、良好的耐热性及耐蚀性。此外，可用结构钢渗硼替代工具钢制造刃具，用碳钢渗硼替代合金耐热钢、不锈钢制造耐热、耐蚀零件，从而节约钢材。

② 渗铝　工件表面渗入铝，形成耐热、耐蚀的渗铝层。渗铝主要是改善抗高温氧化性。可用低碳钢渗铝代替耐热钢制造加热炉的底板、坩埚、渗碳箱。

③ 渗铬　工件表面渗入铬原子的过程称为渗铬。渗铬的目的是提高合金的耐蚀性、抗高温氧化性。如低碳钢渗铬后能提高其耐蚀性、抗高温氧化性，可用于化工机械、各种阀门、锅炉及锻模、锉刀等。

【小结】　本章主要介绍了钢的热处理定义、种类、原理及各种工艺的应用范围等内容。在学习之后，第一，要了解钢的热处理定义和种类，以便为学习后续章节奠定基础。第二，要了解钢的热处理原理（即钢在加热与冷却时的组织转变），认识钢的热处理是通过不同的加热温度、保温时间和冷却速度等方式的组合，最终获得所需的组织与性能；第三，初步了解一些热处理工艺在零件生产中的应用，为以后制订零件热处理工艺积累感性经验。

习　题

1. 名词解释

（1）热处理　（2）退火　（3）正火　（4）淬火　（5）回火　（6）渗碳　（7）渗氮

2. 选择题

（1）过冷奥氏体是（　　）温度以下存在，尚未转变的奥氏体。

A. M_s 　　　　　　　　　B. M_f 　　　　　　　　　C. A_1

（2）过共析钢的淬火加热温度应选择在（　　），亚共析钢的淬火加热温度则应选择在（　　）。

A. $A_{c1}+30～50℃$ 　　　　B. A_{ccm} 以上 　　　　C. $A_{c3}+30～50℃$

（3）调制处理就是（　　）的热处理。

A. 淬火＋低温回火 　　　　B. 淬火＋中温回火 　　　　C. 淬火＋高温回火

（4）化学热处理与其他热处理方法的基本区别是（　　）。

A. 加热温度 　　　　　　　B. 组织变化 　　　　　　　C. 改变表面化学成分

（5）零件渗碳后，一般需经（　　）处理，才能达到表面高硬度及高耐磨性目的。

A. 淬火＋低温回火　　　B. 正火　　　　　　　　　C. 调质

3. 判断题

（1）淬火后的钢，随回火温度的增高，其强度和硬度也增高。　　　　　　　（　　）

（2）钢的最高淬火硬度，主要取决于钢中奥氏体的碳的质量分数的高低。　　（　　）

（3）钢的质量分数越高，其淬火加热温度越高。　　　　　　　　　　　　　（　　）

（4）钢的晶粒因过热而粗化时，就有变脆倾向。　　　　　　　　　　　　　（　　）

4. 简答题

（1）简述共析钢过冷奥氏体在 $A_1～M_s$ 温度之间，不同温度等温时的转变产物及性能。

（2）正火和退火有何异同？

（3）现有经退火后的 45 钢，室温组织为 F＋P，分别在 700℃、760℃、840℃加热，保温一段时间后水冷，所得到的室温组织各是什么？

（4）淬火的目的是什么？

（5）回火的目的是什么？工件淬火后为什么要及时回火？

（6）叙述常见的三种回火方法所获得的室温组织、性能及应用。

（7）渗碳的目的是什么？为什么渗碳后要进行淬火和低温回火？

第5章 非合金钢（碳钢）

【学习目标】

(1) 了解常用铁碳合金的种类、应用场合；

(2) 了解常见杂质元素在钢中的作用；

(3) 掌握碳钢的编号原则；

(4) 掌握常用碳钢的牌号、成分、用途等特点。

5.1 钢中的杂质元素及其影响

钢是指以铁为主要元素，碳的质量分数一般在 2.11% 以下，并含有其他元素的材料。钢按化学成分可分为非合金钢、低合金钢和合金钢三大类。其中非合金钢具有价格低、工艺性能好、力学性能能满足一般使用要求的优点，所以它是工业生产中用量较大的金属材料。实际生产中使用的非合金钢除含有碳元素之外，还含有少量的硅、锰、硫、磷、氢等元素。其中硅和锰是钢在冶炼过程中由于加入脱氧剂时残余下来的，而硫、磷、氢等则是从炼钢原料或大气中带入的。这些元素的存在对于钢的组织和性能都有一定的影响，它们通称为杂质元素。它们对钢的性能有一定的影响，必须控制在一定的范围之内。

5.1.1 锰的影响

锰是在炼铁时由矿石和炼钢时加的脱氧剂带进的。在碳钢中锰的质量分数通常在 0.25%～0.8%。锰的脱氧能力较好，能清除钢中的 FeO，降低钢的脆性。锰大部分溶于铁素体中，形成置换固溶体，并使铁素体强化；一部分锰也能溶于 Fe_3C 中，形成合金渗碳体。此外锰与硫化合而成 MnS，以减轻硫的有害作用。一般认为锰在钢中是一种有益元素。

5.1.2 硅的影响

硅是在炼铁时由矿石和炼钢时加的脱氧剂带进的。碳钢中硅的质量分数通常在 0.1%～0.4%。硅的脱氧能力比锰强，与钢液中的 FeO 生成炉渣，清除 FeO 对钢质量的不良影响。硅与锰一样，能溶于铁素体中，使铁素体强化，从而使钢的强度、硬度、弹性均提高，塑性、韧性均降低。一般认为硅在钢中也是一种有益的元素。

5.1.3 硫的影响

硫是在炼铁时由矿石和燃料带进的。硫不溶于铁，而以 FeS 形式存在。FeS 与 Fe 形成低熔点的共晶体（985℃），分布于奥氏体晶界上。当钢材在 1000～1200℃ 进行锻压时，由于 FeS-FeS 共晶体融化，导致钢材变脆开裂，这种现象称为热脆。硫在钢中是有害杂质元素，必须严格控制。在钢中增加锰的质量分数，Mn 与 S 形成高熔点的 MnS(1620℃)，同时 MnS 高温下又有塑性，可避免热脆现象。

5.1.4 磷的影响

磷是在炼铁时由矿石带进的。磷在钢中全部溶于铁素体中，它虽可使铁素体的强度、硬度有所提高，但却使室温下钢的塑性、韧性急剧下降，并使脆性转化温度升高，这种现象称为冷脆。磷的存在也使焊接性能变坏。因此钢中，磷是一种有害杂质，要严格控制。

5.1.5 非金属杂质的影响

在炼钢后虽然加入脱氧剂进行脱氧，但仍有少量的氧残留在钢中，氧对钢的力学性能不利，使钢的强度和塑性下降，特别是氧化物杂质的存在降低了钢的疲劳强度，因此氧是有害元素。氮是由炉气进入钢中，N 和 Fe 形成 FeN，使钢的硬度强度提高，但塑性和韧性大大下降，这种现象称为蓝脆，若炼钢时使用 Al、Ti 脱氧，生成 AlN、TiN，可消除钢的蓝脆。钢中氢能造成氢脆、白点等缺陷，是有害元素。

5.2 非合金钢（碳钢）的分类

非合金钢分类方法有多种，常用的分类方法有以下几种。

5.2.1 按非合金钢的碳的质量分数分类

（1）低碳钢

低碳钢是指碳的质量分数 $w_C < 0.25\%$ 的铁碳合金。

（2）中碳钢

中碳钢是指碳的质量分数 $w_C = 0.25\% \sim 0.60\%$ 的铁碳合金。

（3）高碳钢

高碳钢是指碳的质量分数 $w_C > 0.60\%$ 的铁碳合金。

5.2.2 按非合金钢主要质量等级和主要性能或使用特性分类

非合金钢按主要质量等级可分为：普通质量、优质和特殊质量非合金钢。

（1）普通质量非合金钢

普通质量非合金钢是指对生产过程中控制质量无特殊规定的一般用途的非合金钢。应用时满足下列条件：钢为非合金化的；不规定热处理；如产品标准或技术条件中有规定，其特性值（最高值和最低值）应达规定值；未规定其他质量要求。

普通质量非合金钢主要包括：一般用途碳素结构钢，如 GB/T 700 规定中的 A、B 级钢；碳素钢筋钢；铁道用一般碳素钢，如轻轨和垫板用碳素钢；一般钢板桩型钢。

（2）优质非合金钢

优质非合金钢是指除普通质量非合金钢和特殊质量非合金钢以外的非合金钢，在生产过程中需要特别控制质量（例如控制晶粒度，降低硫、磷含量，改善表面质量或增加工艺控制等），以达到比普通质量非合金钢特殊的质量要求（如良好的抗脆断性能，良好的冷成形性等），但这种钢的生产控制不如特殊质量非合金钢严格。

优质非合金钢主要包括：机械结构用优质碳素钢，如 GB/T 699 规定中的优质碳素结构钢中的低碳钢和中碳钢；工程结构用碳素钢，如 GB/T 700 规定的 C、D 级钢；冲压薄板的低碳结构钢；镀层板用碳素钢；锅炉和压力容器用碳素钢；造船用碳素钢；铁道用优质碳素钢，如重轨用碳素钢；焊条用碳素钢；冷锻、冷冲压等冷加工用非合金钢；非合金易切削结构钢；电工用非合金钢板、带；优质铸造碳素钢。

（3）特殊质量非合金钢

特殊质量非合金钢是指在生产过程中需要特别严格控制质量和性能（例如，控制淬透性和纯洁度）的非合金钢。钢材要经热处理并至少具有下列一种特殊要求（包括易切削钢和工具钢），例如：要求淬火和回火状态下的冲击性能；有效淬硬深度或表面硬度；限制表面缺陷；限制钢中非金属夹杂物含量和（或）要求内部材质均匀性；限制磷和硫的含量（成品 w_S 和 w_C 均≤0.25%）；限制残余元素 Cu、Co、V 的最高含量等方面的要求。

特殊质量非合金钢主要包括：保证淬透性非合金钢；保证厚度方向性能非合金钢；铁道用特殊非合金钢（如车轴坯、车轮、轮箍钢）；航空、兵器等专业用非合金结构钢；核能用的非合金钢；特殊焊条用非合金钢；碳素弹簧钢；特殊盘条钢及钢丝；特殊易切削钢；碳素工具钢和中空；电磁纯铁；原料纯铁。

5.2.3 按非合金钢的用途分类

（1）碳素结构钢

碳素结构钢主要用于制造各种机械零件和工程结构件，其碳的质量分数一般都小于0.70%。此类钢常用于制造齿轮、轴、螺母、弹簧等机械零件，用于制作桥梁、船舶、建筑等工程结构件。

（2）碳素工具钢

碳素工具钢主要用于制造工具，如制作刃具、模具、量具等，其碳的质量分数一般都大于0.70%。此外，钢材还可以从其他角度进行分类，如按专业（如锅炉用钢、桥梁用钢、矿用钢等）、按冶炼方法等进行分类。

5.3 非合金钢（碳钢）的牌号及用途

5.3.1 普通碳素结构钢

普通碳素结构钢是指对生产过程中控制质量无特殊规定的一般用途非合金钢。其中碳素结构钢的牌号是由屈服点字母、屈服点数值、质量等级符号、脱氧方法等四部分按顺序组成。质量等级分 A、B、C、D 四级，从左至右质量依次提高。屈服点的字母以"屈"字汉语拼音字首"Q"表示；脱氧方法用 F、b、Z、TZ 分别表示沸腾钢、半镇静钢、镇静钢、特殊镇静钢。在牌号中，"Z"可以省略。例如，Q235—AF，表示屈服点大于 $250N/mm^2$，质量为 A 级的沸腾碳素结构钢。

特性：价格低廉，工艺性能（如焊接性和冷成形性）优良。

应用：普通碳素结构钢中碳的质量分数较低，焊接性能好，塑性、韧性好，价格低，常热轧成钢板、钢带、各种热轧成的型材（如圆钢、方钢、工字钢等）、棒钢，用于桥梁、建筑等工程构件和要求不高的机器零件，普通碳素结构钢通常在热轧供应状态下直接使用，很少再进行热处理。

Q195、Q215 通常轧制成薄板、钢筋供应市场。也可用于制作铆钉、螺钉、轻载荷的冲压零件和焊接结构件等。

Q235、Q255 强度稍高，可制作螺栓、螺母、销子、吊钩和不太重要的机械零件以及建筑结构中的螺纹钢、型钢、钢筋等；质量较好的 Q235C、D 级可作为重要焊接结构用材。

Q275 钢可部分代替优质碳素结构钢 25、30、35 钢使用。

碳素结构钢的牌号、化学成分见表5-1。

表 5-1　碳素结构钢的牌号、化学成分

牌号	统一数字代号	等级	厚度(或直径)/mm	脱氧方法	化学成分(质量分数)/%,不大于				
					C	Si	Mn	P	S
Q195	U11952	—	—	F、Z	0.12	0.30	0.50	0.035	0.040
Q215	U12152	A	—	F、Z	0.15	0.35	1.20	0.045	0.050
	U12155	B							0.045
Q235	U12352	A	—	F、Z	0.22	0.35	1.40	0.045	0.050
	U12355	B			0.20				0.045
	U12358	C		Z	0.17			0.040	0.040
	U12359	D		TZ				0.035	0.035
Q275	U12359	A	—	F、Z	0.24	0.35	1.50	0.045	0.050
	U12359	B	≤40	Z	0.21			0.045	0.045
			>40		0.22				
	U12359	C	—	Z	0.20			0.040	0.040
	U12359	D		TZ				0.035	0.035

5.3.2　优质碳素结构钢

优质碳素结构钢是指除普通碳素结构钢和特殊质量碳素结构钢以外的非合金钢。其中优质碳素结构钢的牌号用两位数字表示,两位数字表示该钢的平均碳的质量分数的万分之几(以 0.01% 为单位)。例如,45 钢表示平均碳的质量分数为 0.45% 的优质碳素结构钢;08 钢表示平均碳的质量分数为 0.08% 的优质碳素结构钢。如果是高级优质钢,在数字后面加上符号"A";特级优质钢在数字后面加上符号"E"。

优质碳素结构钢根据钢中锰的质量分数较高 ($w_{Mn}=0.7\%\sim1.2\%$) 时,在两位数字后面加上符号"Mn",如 65Mn 钢,表示平均 $w_C=0.65\%$,并含有较多锰 ($w_{Mn}=0.9\%\sim1.2\%$) 的优质碳素结构钢。

特性:与碳素结构钢相比,夹杂物较少,质量较好。力学性能根据碳的质量分数不同有较大差异。

应用:优质碳素结构钢应用广泛,主要用于制造机械零件,一般都要经过热处理提高力学性能后再使用。

碳的质量分数较低的 08、08F、10、10F 钢,塑性、韧性好,强度低,具有优良的冷成形性能和焊接性能,常冷轧成薄板,用于制作冷冲压件,如汽车车身、仪表外壳等。

15、20、25 钢经渗碳、淬火后表硬心韧,用于制作表面要求耐磨而心部强度要求不高的零件即渗碳零件。例如机罩、焊接容器、小轴、螺母、垫圈及渗碳齿轮等。

40、45、50 钢经热处理(淬火+高温回火)后具有良好的综合力学性能,用于制作轴类零件,如曲轴、连杆、车床主轴、车床齿轮等。

55、60、65 钢经热处理(淬火+中温回火)后具有高的弹性极限,用于制作承载不大的弹簧。

60~85 钢、60Mn、65Mn 钢具有较高的强度,可用于制造各种弹簧、机车轮缘、低速车轮等。

优质碳素结构钢的牌号、化学成分、力学性能和用途见表 5-2。

表 5-2　优质碳素结构钢的牌号、化学成分、力学性能和用途

牌号	w_C	w_{Si}	w_{Mn}	力学性能					应用举例
				σ_s/MPa	σ_b/MPa	δ_s/%	ψ/%	α_k/(J/cm²)	
				不小于					
08	0.05~0.12	0.17~0.37	0.35~0.65	330	200	33	60	—	塑性好,适合制作要求高韧性的冲击件、焊接件、紧固件,如螺栓、螺母、垫圈等,渗碳淬火后可制造强度不高的耐磨件,如凸轮、滑块、活塞销等
10	0.07~0.14	0.17~0.37	0.35~0.65	340	210	31	55	—	
15	0.12~0.19	0.17~0.37	0.35~0.65	380	230	27	55	—	
20	0.17~0.24	0.17~0.37	0.35~0.65	420	250	25	55	—	
25	0.22~0.30	0.17~0.37	0.50~0.80	460	280	23	50	90	
30	0.27~0.35	0.17~0.37	0.50~0.80	500	300	21	50	80	综合力学性能优良,适合制作负荷较大的零件,如连杆、曲轴、主轴、活塞杆(销)、表面淬火齿轮、凸轮等
35	0.32~0.40	0.17~0.37	0.50~0.80	540	320	20	45	70	
40	0.37~0.45	0.17~0.37	0.50~0.80	580	340	19	45	60	
45	0.42~0.50	0.17~0.37	0.50~0.80	610	360	16	40	50	
50	0.47~0.55	0.17~0.37	0.50~0.80	640	380	14	40	40	
55	0.52~0.60	0.17~0.37	0.50~0.80	660	390	13	35	—	
60	0.57~0.60	0.17~0.37	0.50~0.80	690	410	12	35	—	屈服点高,硬度高,适合制作弹性零件(如各种螺旋弹簧、板簧等),以及耐磨零件(如轧辊、钢丝绳、偏心轮等)
65	0.62~0.70	0.17~0.37	0.50~0.80	710	420	10	30	—	
70	0.67~0.75	0.17~0.37	0.50~0.80	730	430	9	30	—	
80	0.77~0.85	0.17~0.37	0.50~0.80	1100	950	6	30	—	
85	0.82~0.90	0.17~0.37	0.50~0.80	1150	1000	6	30	—	
15Mn	0.12~0.19	0.17~0.37	0.70~1.00	420	250	26	55	—	
20Mn	0.17~0.24	0.17~0.37	0.70~1.00	460	280	24	50	—	
25Mn	0.22~0.30	0.17~0.37	0.70~1.00	500	300	22	50	90	
30Mn	0.27~0.35	0.17~0.37	0.70~1.00	550	320	20	45	80	
35Mn	0.32~0.40	0.17~0.37	0.70~1.00	570	340	18	45	70	应用范围基本与普通含锰量的优质非合金相同
40Mn	0.37~0.45	0.17~0.37	0.70~1.00	600	360	17	45	60	
45Mn	0.42~0.50	0.17~0.37	0.70~1.00	630	380	15	45	50	
50Mn	0.48~0.56	0.17~0.37	0.70~1.00	660	400	13	40	40	
60Mn	0.57~0.65	0.17~0.37	0.70~1.00	710	420	11	35	—	
65Mn	0.62~0.70	0.17~0.37	0.70~1.20	750	440	9	30	—	
70Mn	0.67~0.75	0.17~0.37	0.70~1.20	800	460	8	30	—	

5.3.3　碳素工具钢

碳素工具钢是用于制造刀具、模具和量具的钢。由于大多数工具都要求高硬度和高耐磨性,故碳素工具钢中碳的质量分数都在 0.7% 以上,而且此类钢都是优质钢或高级优质钢,有害杂质元素 (S、P) 含量较少,质量较高。

碳素工具钢的牌号以 "T" (碳的大写汉语拼音字首) 开头,其后的数字表示平均碳的质量分数的千分数。例如,T8 表示平均碳的质量分数为 0.80% 的碳素工具钢。若为高级优质碳素工具钢,则在牌号后面标以字母 A,如 T12A 表示平均碳的质量分数为 1.20% 的高级优质碳素工具钢。碳素工具钢的牌号、化学成分、性能和用途见表 5-3。

表 5-3 碳素工具钢的牌号、化学成分、性能和用途

牌　号	化学成分 w/%	硬　度			用途举例
	C	退火状态	试样淬火		
		HBS 不大于	淬火温度/℃ 和冷却剂	HBC 不小于	
T7、T7A	0.65～0.74	187	800～820 水	62	淬火回火后,常用于制造能承受振动、冲击,并且在硬度适中情况下有较好韧性的工具,如冲头、木工工具等
T8、T8A	0.75～0.84	187	780～800 水	62	淬火回火后,常用于制造要求有较高硬度和耐磨性的工具,如冲头、木工工具、剪刀、锯条等
T8Mn、T8MnA	0.80～0.90	187	780～800 水	62	
T9、T9A	0.85～0.94	192	760～780 水	62	用于制造一定硬度和韧性的工具,如冲模、冲头等
T10、T10A	0.95～1.04	197	760～780 水	62	用于制造耐磨性要求较高,不受剧烈振动,具有一定韧性及具有锋利刃口的各种工具,如刨刀、车刀、钻头、丝锥等
T11、T11A	1.05～1.14	207	760～780 水	62	
T12、T12A	1.15～1.24	207	760～800 水	62	用于制造不受冲击,要求高硬度的各种工具,如丝锥、锉刀等
T13、T13A	1.25～1.35	217	760～800 水	62	适用于制造不受振动,要求极高硬度的各种工具,如剃刀、刮刀、刻字刀具等

　　碳素工具钢随着碳的质量分数的增加,其硬度和耐磨性提高,而韧性下降,其应用场合也分别不同。T7、T8 一般用于要求韧性稍高的工具,如冲头、錾子、简单模具、木工工具等;T10 用于要求中等韧性、高硬度的工具,如手用锯条、丝锥、板牙等,也可用作要求不高的模具;T12 具有高的硬度和耐磨性,但韧性低,用于制造量具、锉刀、钻头、刮刀等。高级优质碳素工具钢由于含杂质和非金属夹杂物少,适于制造重要的要求较高的工具。

5.3.4　铸造碳钢

　　铸造碳钢的牌号表示方法是用"铸"和"钢"两字汉语拼音字母字首"ZG"后加两组数字表示,第一组数字表示屈服点的最低值,第二组数字表示抗拉强度的最低值。例如,ZG200-400,表示 $\sigma_s \geqslant 200$MPa, $\sigma_b \geqslant 400$MPa 的铸钢。

　　特性:铸钢碳的质量分数一般为 0.15%～0.6%。铸钢的铸造性能比铸铁差,但力学性能比铸钢好。

　　应用:铸钢主要用于制造形状复杂,力学性能要求高,而在工艺上又很难用锻压等方法成形的比较重要的机械零件,例如汽车的变速箱壳,机车车辆的车钩和联轴器等。工程用铸造碳钢的牌号、化学成分、力学性能及应用举例见表 5-4。

表 5-4　工程用铸造碳钢的牌号、化学成分、力学性能及应用举例

牌号	化学成分/%				室温力学性能(不小于)					用途举例
	C	Si	Mn	P、S	σ_s/MPa	σ_b/MPa	δ/%	ψ/%	A_{KV}/J	
	不大于				不小于					
ZG200-400	0.20	0.50	0.80	0.04	200	400	25	40	30	良好的塑性、韧性和焊接性,用于受力不大的机械零件,如机座、变速箱壳等
ZG230-450	0.30	0.50	0.90	0.04	230	450	22	32	25	一定的强度和好的塑性、韧性、焊接性。用于受力不大、韧性好的机械零件,如外壳、轴承盖等
ZG270-500	0.40	0.50	0.90	0.04	270	500	18	25	22	较高的强度和较好的塑性,铸造性良好,焊接性尚好,切削性好。用于轧钢机机架、箱体等
ZG310-570	0.50	0.60	0.90	0.04	310	570	15	21	15	强度和切削性良好,塑性、韧性较低。用于载荷较高的大齿轮、缸体等
ZG340-640	0.60	0.60	0.90	0.04	340	640	10	18	10	有高的强度和耐磨性,切削性好,焊接性较差,流动性好,裂纹敏感性较大。用于齿轮、棘轮等

【小结】　本章主要介绍非合金钢的定义、分类、牌号、性能及其应用等内容。学习要求：第一，了解非合金钢的分类方法和牌号的命名方法；第二，要了解非合金钢的化学成分与组织和性能之间的定性关系，为分析和确定材料的性能和加工工艺建立分析思路；第三，初步了解部分非合金钢在典型零件生产中的应用，为零件的选材、制订加工工艺建立感性经验，如简单弹簧零件一般可选用 60 钢、65 钢、70 钢等，一般的轴与齿轮类零件可选用 40 钢、45 钢等。

习　题

1. 名词解释

(1) 普通质量合金钢　(2) 优质非合金钢　(3) 特殊质量非合金钢

2. 选择题

(1) 08F 牌号中，08 表示其平均碳的质量分数为 (　　)。

A. 0.08%　　　　　　B. 0.8%　　　　　　C. 8%

(2) 普通、优质和特殊质量非合金钢是按 (　　) 进行区分的。

A. 主要质量等级　　B. 主要性能　　C. 使用性能　　D. 前三者综合考虑

(3) 在下列三种钢中，(　　) 钢的弹性最好，(　　) 钢的硬度最高，(　　) 钢的塑性最好。

A. T10　　　　　　B. 20　　　　　　C. 65

(4) 选择制造下列零件的材料：齿轮 (　　)，小弹簧 (　　)。

A. 08F　　　　　　B. 70　　　　　　C. 45

3. 判断题

(1) T10 钢中碳的质量分数是 10%。 （　　）

(2) 高碳钢的质量优于中碳钢，中碳钢的质量优于低碳钢。 （　　）

(3) 碳素工具钢都是优质或高级优质。 （　　）

(4) 碳素工具钢中碳的质量分数一般都大于 0.7%。 （　　）

4. 简答题

(1) 钢中常存在的杂质元素有哪些？它们对钢的性能有何影响？

(2) 为什么在非合金钢中要严格控制硫、磷元素的含量？

第6章 铸 铁

【学习目标】

(1) 了解常用铸铁的种类、应用场合；

(2) 了解铸铁的石墨化过程；

(3) 掌握铸铁的牌号、成分、用途等特点。

6.1 铸铁及其石墨化过程

铸铁通常是指 w_C 为 2%～4% 的 Fe-C-Si 三元合金，并且还含有较多的硅、锰、硫、磷等元素。铸铁有良好的减振、减摩作用，良好的铸造性能及切削加工性能，且价格低。在一般机械中，铸铁件约占机器总质量的 40%～70%，在机床和重型机械中甚至高达 80%～90%。近年来铸铁组织进一步改善，热处理对基体的强化作用也更明显，铸铁日益成为一种物美价廉、应用更加广泛的结构材料。

在铁碳合金中，碳可能以两种形式存在，即化合状态的渗碳体（Fe_3C）和游离状态的石墨（常用 G 来表示）。渗碳体在高温下进行长时间加热便会分解为为铁和石墨（$Fe_3C \rightarrow Fe+G$）。可见，渗碳体并不是一种稳定的相，而是一种亚稳定的相；石墨才是一种稳定的相。在铁碳合金的结晶过程中，从液体或奥氏体中析出的是渗碳体而不是石墨，这主要是因为渗碳体的碳的质量分数（6.69%）较之石墨的碳的质量分数（≈100%）更接近合金成分的碳的质量分数（2.5%～4.0%），析出渗碳体时所需的原子扩散量较小，渗碳体的晶核形成较易。但在极其缓慢冷却（即提供足够的扩散时间）的条件下，或在合金中含有可促进石墨形成的元素（如 Si 等）时，在铁碳合金的结晶过程中，便会直接自液体或奥氏体中析出稳定的石墨相。因此，对铁碳合金的结晶过程来说，实际上存在两种相图，如图 6-1 所示，图中实线部分为亚稳定的 Fe-Fe_3C 相图，虚线部分是稳定的 Fe-G 相图。视具体合金的结晶条件不同，铁碳合金可以全部或部分地按照其中的一种或另一种相图进行结晶。

影响铸铁组织和性能的关键是碳在铸铁中存在的形态、大小及分布。铸铁的发展，主要是围绕如何改变石墨的数量、大小、形状和分布这一核心问题进行的。铸铁的石墨化就是铸铁中碳原子析出和形成石墨的过程。一般认为石墨既可以由液体铁水中析出，也可以自奥氏体中析出，还可以由渗碳体分解得到。

6.1.1 铸铁冷却和加热时的石墨化过程

按 Fe-C 系相图进行结晶，铸铁冷却时的石墨化过程包括：从液体中析出一次石墨；由共晶反应而生成共晶石墨；由奥氏体中析出二次石墨；由共析反应而生成共析石墨。铸铁加热时的石墨化过程：亚稳定的渗碳体，当在比较高的温度下长时间加热时，会发生分解，产生石墨化，即：

$$Fe_3C \longrightarrow Fe + G$$

加热温度越高，分解速度相对就越快。

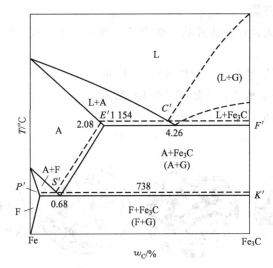

图 6-1 铁碳合金的两种相图

无论是冷却还是加热时的石墨化过程，凡是发生在 $P'S'K'$ 线以上，统称为第一阶段石墨化；凡是发生在 $P'S'K'$ 线以下，统称为第二阶段石墨化。

6.1.2 影响铸铁石墨化的因素

（1）化学成分的影响

碳、硅、锰、磷对石墨化有不同的影响。其中碳、硅、磷是促进石墨化元素，锰和硫是阻碍石墨化的元素。碳、硅的含量过低，铸铁易出现白口，力学性能和铸造性能都较差；硫、硅的含量过高，铸铁中石墨数量多而粗大，基体内铁素体量多，力学性能下降。

（2）冷却速度的影响

铸件冷却速度越缓慢，越有利于石墨化过程充分进行。当铸铁冷却速度较快时，原子扩散能力减弱，越有利于 Fe-Fe$_3$C 系相图进行结晶和转变，不利于石墨化的进行。

6.2 铸铁的分类

铸铁的分类归结起来主要包括下列几种方法。

6.2.1 按碳存在的形式分类

（1）灰铸铁

碳以石墨的形式存在，断口呈黑灰色，是应用最为广泛的铸铁。

（2）白口铸铁

碳完全以渗碳体的形式存在，断口呈亮白色。这种铸铁组织中渗碳体以共晶莱氏体的形式存在，使其很难切削加工，因此主要作炼钢原料使用。但是，由于它的硬度和耐磨性高，也可以铸成表面为白口组织的铸件，如轧辊、球磨机的磨球、犁铧等要求耐磨性好的零件。

（3）麻口铸铁

碳以石墨和渗碳体的混合形态存在，断口呈灰白色。这种铸铁有较大的脆性，工业上很少使用。

6.2.2　按石墨的形态分类

铸铁中石墨的形状大致可分为片状、蠕虫状、絮状及球状四大类。因此，可将铸铁分为以下几种。

① 普通灰铸铁　石墨呈片状［如图6-2(a) 所示］。

② 蠕墨铸铁　石墨呈蠕虫状［如图6-2(b) 所示］。

③ 可锻铸铁　石墨呈棉絮状［如图6-2(c) 所示］。

④ 球墨铸铁　石墨呈球状［如图6-2(d) 所示］。

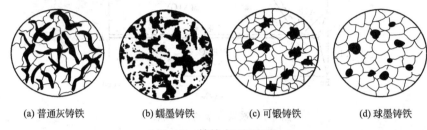

(a) 普通灰铸铁　　(b) 蠕墨铸铁　　(c) 可锻铸铁　　(d) 球墨铸铁

图6-2　铸铁中石墨形状

6.2.3　按化学成分分类

(1) 普通铸铁

即常规元素铸铁，如普通铸铁、蠕墨铸铁、可锻铸铁、球墨铸铁。

(2) 合金铸铁

又称为特殊性能铸铁，是向普通铸铁和球墨铸铁中加入一定量的合金元素，如铬、镍、铜、钒、铅等，使其具有一些特定性能的铸铁，如耐磨铸铁、耐热铸铁、耐蚀铸铁等。

6.3　普通灰铸铁

6.3.1　灰铸铁的化学成分、显微组织和性能

(1) 化学成分

灰铸铁的化学成分大致是：$w_C = 2.5\% \sim 4.0\%$，$w_{Si} = 1.0\% \sim 2.5\%$，$w_{Mn} = 0.5\% \sim 1.4\%$，$w_S \leqslant 0.15\%$，$w_P \leqslant 0.30\%$。

(2) 显微组织

由于化学成分和冷却条件的综合影响，灰铸铁的显微组织有三种类型：铁素体（F）＋片状石墨（G）；铁素体（F）＋珠光体（P）＋片状石墨（G）；珠光体（P）＋片状石墨（G）。如图6-3所示为铁素体灰铸铁、铁素体＋珠光体灰铸铁和珠光体灰铸铁的显微组织。灰铸铁的显微组织可以看成是钢的基体上分布着一些片状石墨。

(3) 性能

灰铸铁的性能主要决定于其钢基体的性能和石墨的数量、形状、大小及分布状况。钢基体组织主要影响灰铸铁的强度、硬度、耐磨性及塑性。由于石墨本身的强度、硬度和塑性都很低，灰铸铁中存在的石墨，就相当于在钢的基体上布满了大量的孔洞和裂缝，割裂了基体组织的连续性，从而减小了基体金属的有效承载面积；而且在石墨的尖角处易产生应力集中，造成铸件局部损坏，并迅速扩展形成脆性断裂，因此灰铸铁的抗拉强度和塑性比同样基体的钢低得多。若片状石墨越多，越粗大，分布越不均匀，则灰铸铁的强度和塑性就越低。

(a) 铁素体灰铸铁　　　　(b) 铁素体+珠光体灰铸铁　　　　(c) 珠光体灰铸铁

图 6-3　灰铸铁的显微组织

石墨除有割裂基体的不良作用外，也有有利的一面，归纳起来大致有以下几个方面。

① 优良的铸造性能。由于灰铸铁碳的质量分数高、熔点较低、流动性好，因此，凡是不能用锻造方法制造的零件，都可采用铸铁材料进行铸造成形。此外，石墨的比容较大，当铸件在凝固过程中析出石墨时，部分地补偿了铸件在凝固时基体的收缩，故铸铁的收缩量比钢小。

② 良好的吸震性。由于石墨阻止晶粒间震动能的传递，并且将震动能转化为热能，所以铸铁中的石墨对震动可以起到缓冲作用。这种性能对于提高机床的精度，减少噪声，延长受震零件的寿命很有好处。灰铸铁的这种吸震能力约为钢的数倍，广泛用作机床床身、主轴箱及各类机器底座等工件。

③ 较低的缺口敏感性。灰铸铁中由于石墨的存在，就相当于其内部存在许多小缺口，故灰铸铁对其表面的小缺陷或小缺口等，几乎不具有敏感性。

④ 良好的可加工性。灰铸铁在进行切削加工时，由于石墨起着减摩和断屑作用，故可加工性能好，刀具磨损小。

⑤ 良好的减摩性。由于石墨本身的润滑作用，以及它从铸铁表面脱落后留下的孔洞具有储存润滑油的能力，故灰铸铁具有良好的减摩性。

值得注意的是，灰铸铁在承受压应力时，由于石墨不会缩小有效承载面积和不产生缺口应力集中现象，故灰铸铁的抗压强度与钢相近。灰铸铁的钢基体组织对灰铸铁力学性能的影响是：当石墨存在的状态一定时，铁素体灰铸铁具有较高的塑性，但强度、硬度和耐磨性较低；珠光体灰铸铁的强度和耐磨性较高，但塑性较低；铁素体-珠光体灰铸铁的力学性能则介于上述两类灰铸铁之间。

6.3.2　灰铸铁的孕育处理（变质处理）

为了提高灰铸铁的力学性能，必须细化和减少石墨片，在生产中常用的方法就是孕育处理。即在铁液浇注之前，往铁液中加入少量的孕育剂（如硅铁或硅钙合金），使铁液内同时生成大量均匀分布的石墨晶核，改变铁液的结晶条件，使灰铸铁获得细晶粒的珠光体基体和细片状石墨组织。经过孕育处理的灰铸铁称为孕育铸铁，也称为变质铸铁。经过孕育处理的灰铸铁，强度有很大的提高，并且塑性和韧性也有所提高。因此，常用来制造力学性能要求较高，截面尺寸变化较大的大型铸件。

6.3.3　灰铸铁的牌号及用途

灰铸铁的牌号用"HT"及数字组成。其中"HT"是"灰铁"两字汉语拼音的第一个字母，其后的数字表示最低抗拉强度，如 HT100，表示灰铸铁最低抗拉强度是 $100N/mm^2$。常用灰铸铁的牌号、力学性能及用途见表 6-1。

表 6-1　灰铸铁的牌号、力学性能及用途

类别	牌号	力学性能		用途举例
		σ_b/MPa	硬度（HBW）	
铁素体灰铸铁	HT100	≥100	143～229	低载荷和不重要零件，如盖、外罩、手轮、支架
铁素体＋珠光体灰铸铁	HT150	≥150	163～229	承受中等应力的零件，如底座、床身、工作台、阀体管路附件及一般工作条件要求的零件
珠光体灰铸铁	HT200	≥200	170～241	承受较大应力和重要的零件，如气缸体、齿轮、机座床身、活塞、齿轮箱、油缸等
珠光体灰铸铁	HT250	≥250	170～241	承受较大应力和重要的零件，如气缸体、齿轮、机座床身、活塞、齿轮箱、油缸等
孕育铸铁	HT300	≥300	187～225	床身导轨、车床、冲床等受力较大的床身、机座、主轴箱、卡盘、齿轮等，高压油缸、泵体、阀体、衬套、凸轮、大型发动机的曲轴、气缸体等
孕育铸铁	HT350	≥350	197～269	床身导轨、车床、冲床等受力较大的床身、机座、主轴箱、卡盘、齿轮等，高压油缸、泵体、阀体、衬套、凸轮、大型发动机的曲轴、气缸体等

6.3.4　灰铸铁的热处理

热处理只能改变灰铸铁的基体组织，而不能改变石墨的形状、大小和分布情况。因此，灰铸铁的热处理一般是用于消除铸件的内应力和白口组织，稳定铸件尺寸和提高铸件工作表面的硬度及耐磨性。由于石墨的导热性差，因此，在热处理过程中，灰铸铁的加热速度要比非合金钢稍慢些。

（1）去内应力退火（时效处理）

铸铁件在冷却过程中，因各部位的冷却速度不同造成其收缩不一致，从而产生一定的内应力。这种内应力可以通过铸件的变形得到缓解，但这一过程比较缓慢，因此，铸件在形成后一般都需要进行去内应力退火（时效处理），特别是一些大型、复杂或加工精度较高的铸件（如床身、机架等）必须进行时效处理。

铸件去内应力退火是将铸件缓慢加热到 500～650℃，保温一定时间（2～6h），利用塑性变形降低应力，然后随炉缓冷至 200℃以下出炉空冷，也称为人工时效。经过去内应力退火后，可消除铸件内部 90％以上的内应力。对于大型铸件可采用自然时效，即将铸件在露天下放置半年以上，使铸造应力缓慢松弛，从而使铸件尺寸稳定。

去内应力退火温度越高，铸件内应力消除得越显著，同时铸件尺寸稳定性越好。但随着铸件去内应力退火温度的升高，铸件去内应力退火后的力学性能会变差，因此，要合理选择去内应力退火温度。一般选择去内应力退火温度 T（单位：℃）的计算公式为

$$T = 480 + 0.4\sigma_b$$

保温时间一般按每小时热透铸件厚 25mm 计算。加热速度一般控制在 80℃/h 以下，复杂零件控制在 20℃/h 以下。冷却速度一般控制在 30℃/h 以下，炉冷至 200℃后出炉空冷。

铸件表面被切削加工后，破坏了原有应力场，会导致铸件内应力的重新分布，因此，去内应力退火一般安排在铸件粗加工后进行。对于质量要求很高的精密零件，可在铸件成形和粗加工后分别进行去内应力退火。

（2）软化退火

铸铁件在其表面或某些薄壁处易出现白口组织，故需利用软化退火来消除白口组织，以改善其切削加工性能。

软化退火是将铸件缓慢加热到 850～950℃，保持一定时间（一般为 1～3h），使渗碳体

分解（$Fe_3C \longrightarrow A + G$），然后随炉冷却至 $400\sim500℃$ 出炉空冷。得到以铁素体或铁素体-珠光体为基体的灰铸铁。

（3）正火

铸铁件正火是将铸件加热到 $850\sim920℃$，经 $1\sim3h$ 保温后，出炉空冷，得到以珠光体为基体的灰铸铁。

（4）表面淬火

表面淬火的目的是提高铸铁件（如缸体、机床导轨等）表面硬度和耐磨性。常用的表面淬火方法有：火焰加热表面淬火、高频与中频感应表面淬火和电接触加热表面淬火等，如机床导轨采用电接触加热表面淬火后，其表面的耐磨性会显著提高，而且导轨变形小。

铸件进行表面淬火前，一般需进行正火处理，以保证其获得 65% 以上的珠光体组织。铸件淬火后，表面能获得马氏体＋石墨组织，表面硬度可达 $55HRC$。

6.4 球墨铸铁

球墨铸铁是指铁液经过球化剂处理而不是经过热处理，使石墨全部或大部分呈球状的铸铁。当铁液中加入一定量的镁并以硅铁孕育时可得到球状石墨。在我国，球墨铸铁广泛应用于农业机械、汽车、机床、冶金及化工等部门。

6.4.1 球墨铸铁的化学成分

球墨铸铁是在铁液中加入球化剂（稀土镁合金）使铸铁中的石墨呈球状，然后在出铁液时加入孕育剂（SiFe75）促进石墨化而获得。

由于球化剂有阻碍石墨化的作用，因此，要求球墨铸铁比普通灰铸铁的含碳、硅量高，硫、磷杂质含量严格控制。一般 $w_C = 3.6\%\sim4.0\%$，$w_{Si} = 2.0\%\sim3.2\%$，这样既能保证碳的石墨化进程，同时又可避免由于碳当量过高而造成石墨飘浮于铸件表面，使铸件力学性能下降；锰有去硫脱氧作用，并可稳定和细化珠光体；有害杂质控制在 $w_S < 0.05\%$，$w_P < 0.06\%$。

6.4.2 球墨铸铁的组织和性能

球墨铸铁在铸态下，其基体往往是由不同数量的铁素体、珠光体或铁素体＋珠光体组成的混合组织。其显微组织如图 6-4 所示。

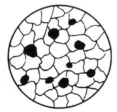  

(a) 铁素体球墨铸铁　　　(b) 铁素体+珠光体球墨铸铁　　　(c) 珠光体球墨铸铁

图 6-4　球墨铸铁的显微组织

铸态中的石墨呈球状，不仅造成的应力集中较小，而且在相同的石墨体积下球状石墨的表面积最小，因而对基体的割裂作用也较小，能充分发挥基体组织的作用。球墨铸铁的金属基体强度的利用率可以高达 $70\%\sim90\%$，而普通灰铸铁仅为 $30\%\sim50\%$。因此，球墨铸铁的强度、塑性、韧性均高于其他铸铁，可以与相应组织的铸钢相媲美，疲劳强度可接近一般中碳钢。特别应该指出的是，球墨铸铁的屈强比几乎是一般结构钢的两倍（球墨铸铁为0.7～0.8），普通钢为0.35～0.5，因此，对于承受静载荷的零件，用球墨铸铁代替铸钢可以减轻机器重量。

近年来，由于断裂力学的发展，发现含有10％～15％（质量分数）铁素体的球墨铸铁的K_{IC}值并不像它的α_k值那样低。如强度相近的球墨铸铁与45钢比较，前者的冲击韧度不到后者的1/6，但前者的断裂韧度却可达到后者的1/3以上，而K_{IC}比α_k更能准确地反映材料的韧性指标。因此，许多重要的零件可以安全地使用球墨铸铁，如大型柴油机、内燃机曲轴等。球墨铸铁的减振作用比钢好，但不如普通灰铸铁，球化率越高，其减振性越不好。球墨铸铁的缺点是铸造性能低于普通灰铸铁，凝固时收缩较大。另外，对铁液的成分要求较严。

6.4.3　球墨铸铁的牌号和用途

球墨铸铁的牌号、性能及用途列于表6-2。其中牌号中"QT"是"球铁"汉语拼音字首字母大写，后面两组数字分别表示最低抗拉强度和最小伸长率。由于球墨铸铁可以通过热处理获得不同的基体组织，所以其性能可以在较大范围内变化，因而扩大了球墨铸铁的应用范围，使球墨铸铁在一定程度上代替了不少碳钢、合金钢等，用来制造一些受力复杂，强度、韧性和耐磨性要求较高的零件，如曲轴、连杆、机床主轴等。

表6-2　球墨铸铁的牌号、性能及用途

牌号	σ_b/MPa	$\sigma_{0.2}$/MPa	δ/%	基体组织	用途
		不大于			
QT400-18	400	250	18	铁素体	汽车、拖拉机的牵引框、轮毂、离合器及减速壳体；农机具的犁铧、犁柱；大气压阀门阀体、支架、高低压气缸输气管；铁路垫板等
QT400-15	400	250	15	铁素体	
QT450-10	450	310	10	铁素体	
QT500-7	500	320	7	铁素体＋珠光体	液压泵齿轮、阀门体、轴瓦、机器底座、支架、传动轴、链轮、飞轮、电动机机架等
QT600-3	600	370	3	铁素体＋珠光体	连杆、曲轴、凸轮轴、气缸体、进排气门座、脱粒机齿条、轻载荷齿轮、部分机床主轴、球磨机齿轮轴、矿车轮、小型水轮机主轴、缸套等
QT700-2	700	420	2	珠光体	
QT800-2	800	480	2	珠光体或回火组织	
QT900-2	900	600	2	珠光体或回火组织	汽车螺旋锥齿轮、减速器齿轮、凸轮轴、传动轴、转向节；犁铧、耙片等

6.4.4　球墨铸铁的热处理

（1）球墨铸铁的热处理特点

由于球墨铸铁中含硅量较高，因此共析转变发生在一个较宽的温度范围，并且共析转变温度升高。球墨铸铁的C曲线显著右移，使临界冷却速度明显降低，淬透性增大，很容易实现油淬和等温淬火。

（2）常用的热处理方法

根据热处理目的的不同，球墨铸铁常用的热处理方法有以下几种。

① 高温退火和低温退火　退火的目的是为了获得铁素体基体球墨铸铁。浇铸后铸件组织中常会出现不同数量的珠光体和渗碳体，使切削加工变得较难进行。为了改善其加工性，同时消除铸造应力，因而需进行退火处理。

当铸态组织为 F＋P＋G（石墨）时，则进行高温退火，即将铸件加热至共析温度以上（900～950℃），保温 2～5h，然后随炉冷至 600℃出炉空冷。

当铸态组织为 F＋P＋G（石墨）时，则进行低温退火，即将铸件加热至共析温度附近（700～760℃），保温 3～6h，然后随炉冷至 600℃出炉空冷。

② 正火　正火可分为高温正火和低温正火两种。高温正火是将铸件加热至共析温度以上，一般为 880～920℃，保温 1～3h，然后空冷，使其在共析温度范围内快速冷却，以获得珠光体球墨铸铁。对厚壁铸件，应采用风冷，甚至喷雾冷却，以保证获得珠光体基体。若铸态组织中有自由渗碳存在，正火温度应提高至 950～980℃，使自由渗碳体在高温下全部溶入奥氏体。

低温正火是将铸件加热至 840～860℃，保温 1～4h，出炉空冷。低温正火获得珠光体＋铁素体基体的球墨铸铁。

球墨铸铁的导热性较差，正火后铸件内应力较大，因此正火后应进行一次消除应力退火，即加热到 550～600℃，保温 3～4h 出炉空冷。

③ 等温淬火　等温淬火适用于形状复杂、易变形，同时要求综合力学性能高的球墨铸铁件。方法是将铸件加热至 860～920℃，适当保温后迅速放入 250～350℃的盐浴炉中进行 0.5～1h 的等温处理，然后取出空冷。等温淬火后得到下贝氏体＋少量残留奥氏体＋球状石墨。由于等温淬火内应力不大，可不进行回火。等温淬火后其抗拉强度可达 1100～1600MPa，硬度 38～50HRC，冲击韧度 α_k 为 30～100J/cm²。可见，等温淬火是提高球墨铸铁综合力学性能的有效途径，但仅适用结构尺寸不大的零件，如尺寸不大的齿轮、滚动轴承套圈、凸轮轴等。

④ 调质处理　对于受力复杂、截面尺寸较大的铸件，一般采用调质处理来满足高综合力学性能的要求。调质处理时，将铸件加热至 860～920℃，保温后油冷，而后在 550～620℃高温回火 2～6h，获得回火索氏体和球状石墨组织，硬度为 250～300HBW，具有良好的综合力学性能，常用来处理柴油机曲轴、连杆等零件。球墨铸铁除了能采用上述热处理工艺外，还可以采用表面强化处理，如渗氮、离子渗氮、渗硼等。

6.5　可锻铸铁及蠕墨铸铁

6.5.1　可锻铸铁

可锻铸铁是白口铸铁通过石墨化退火处理得到的一种高强韧铸铁。有较高的强度、塑性和冲击韧度，可以部分代替碳钢。可锻铸铁分为铁素体基体（黑心）可锻铸铁和珠光体基体可锻铸铁。

（1）可锻铸铁的生产特点

可锻铸铁的生产分两个步骤。第一步：先铸造出白口铸铁，随后退火使 Fe_3C 分解得到团絮状石墨。为保证在通常的冷却条件下铸件能得到合格的白口组织，其成分通常是 $w_C =$ 2.2%～2.8%，$w_{Si}=1.2\%～2.0\%$，$w_{Mn}=0.4\%～1.2\%$，$w_S<0.1\%$，$w_P<0.2\%$。第二步：进行长时间的石墨化退火处理，900～980℃长时间保温，其工艺如图 6-5 所示。

（2）可锻铸铁的牌号

可锻铸铁分为黑心可锻铸铁和珠光体可锻铸铁，黑心可锻铸铁因其断口为黑绒状而得名，以 KTH 表示，其基体为铁素体；珠光体可锻铸铁以 KTZ 表示，基体为珠光体。其中

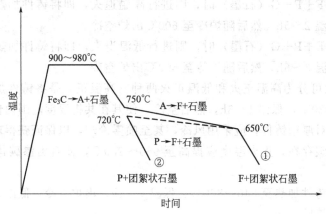

图 6-5　可锻铸铁的石墨化退火

"KT"为"可铁"的拼音字首，"H"和"Z"分别为"黑"和"珠"的拼音字首，代号后的第一组数字表示最低抗拉强度值，第二组数字表示最低断后伸长率。常用可锻铸铁牌号见表 6-3。

表 6-3　常用可锻铸铁的牌号和性能

牌号 A	牌号 B	试样直径 d/mm	抗拉强度 σ_b/MPa	屈服强度 $\sigma_{0.2}$/MPa	伸长率 δ/%	硬度(HBS)
			不小于			
KTH300-06			300	—	6	≤150
	KTH330-08		330		8	
KTH350-10			350	200	10	
	KTH370-12	12 或 15	370	—	12	
KTH450-06			450	270	6	150~200
KTZ550-04			550	340	4	180~230
KTZ650-02			650	430	2	210~260
KTZ700-02			700	530	2	240~290

（3）可锻铸铁的组织、性能及应用

① 显微组织：金属基体和团絮状石墨组成，如图 6-6 所示。

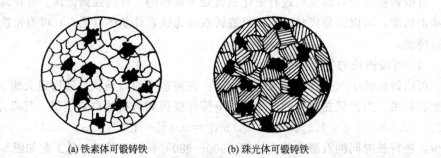

(a) 铁素体可锻铸铁　　　(b) 珠光体可锻铸铁

图 6-6　可锻铸铁的显微组织

② 性能：较高的冲击韧度和强度，适用于制造形状复杂、承受冲击载荷的薄壁小件，

铸件壁厚一般不超过 25mm。

③ 用途：低动载荷及静载荷、要求气密性好的零件，如管道配件、中低压阀门、弯头、三通等；农机犁刀、车轮壳和机床用扳手等；较高的冲击、振动载荷下工作的零件，如汽车、拖拉机上的前后轮壳、制动器、减速器壳、船用电动机壳和机车附件等；承受较高载荷、耐磨和要求有一定韧度的零件，如曲轴、凸轮轴、连杆、齿轮、摇臂、活塞环、犁刀、耙片、闸、万向接头、棘轮扳手、传动链条和矿车轮等。

6.5.2 蠕墨铸铁

（1）蠕墨铸铁的生产

蠕墨铸铁是在一定成分的铁液中加入适量的蠕化剂进行蠕化处理而成的。所谓蠕化处理是将蠕化剂放入经过预热的堤坝或铁液包内的一侧，从另一侧冲入铁液，利用高温铁液将蠕化剂熔化的过程。蠕化剂为镁钛合金、稀土镁钛合金或稀土镁钙合金等。

（2）蠕墨铸铁的性能及应用

蠕墨铸铁中的石墨片比灰铸铁中的石墨片的长厚比要小，端部较钝、较圆，介于片状和球状之间的一种石墨形态，如图 6-7 所示。

图 6-7 蠕墨铸铁的显微组织

① 性能：力学性能较高，强度接近于球墨铸铁，具有一定的韧度，较高的耐磨性，同时又兼有良好的铸造性能和导热性。

② 应用：生产汽缸盖、汽缸套、钢锭模、轧辊模、玻璃瓶模和液压阀等铸件。

（3）蠕墨铸铁的牌号

根据 JB/T 4403—1999，蠕墨铸铁的牌号以 RuT 表示，"RuT"是"蠕铁"二字的拼音字首，所跟的数字表示最低抗拉强度，参见表 6-4。

表 6-4 蠕墨铸铁的牌号、性能及组织

牌号	抗拉强度 σ_b/MPa	屈服强度 $\sigma_{0.2}$/MPa	伸长率 δ/%	硬度(HB)	蠕化率	基体组织
	不小于				不小于	
RuT420	420	335	0.75	200～280		珠光体
RuT380	380	300	0.75	193～274		珠光体
RuT340	340	270	1.0	170～240	50	珠光体＋铁素体
RuT300	300	240	1.5	140～217		铁素体＋珠光体
RuT260	260	195	3	121～197		铁素体

6.6　合金铸铁

随着铸铁在各行各业中越来越广泛的应用，对铸铁便提出了各种各样的特殊性能要求，如耐热、耐磨、耐蚀及其他特殊性能。这些铸铁大都属于合金铸铁，与相似条件下使用合金钢相比，其熔炼简便、成本低廉、有良好的使用性能；但其力学性能低于合金钢，且脆性较大。

6.6.1　耐热铸铁

耐热铸铁具有良好的耐热性，可以代替耐热钢制造加热炉底板、坩埚、废气道、热交换器及压铸模等。铸铁的耐热性主要指它在高温下抗氧化和抗热生长的能力。普通铸铁在加热到 450℃ 以上的高温下，除了会发生表面氧化外，还会出现"热生长"现象，即铸铁的体积产生不可逆的胀大，严重时可胀大 10％ 左右。热生长现象主要是由于氧化性气体沿石墨的边界和裂纹渗入铸铁内部所造成的内部氧化，形成密度小而体积大的氧化物。此外，也由于渗碳体在高温下发生分解，析出密度小而体积大的石墨。热生长的结果会使铸件失去精度和产生显微裂纹。

提高铸铁的耐热性的措施是向铸铁中加入硅、铝、铬等合金元素，使铸铁在高温下形成一层致密的氧化膜，保护内层不继续受氧化。此外，这些元素还会提高铸铁的临界点，使其在工作温度范围不发生固态转变，减少因相变体积变化产生的显微裂纹。石墨最好呈球状，独立分布，互不相连，不致构成氧化性气体渗入铸铁的通道。耐热铸铁的牌号用"RT"表示，如 RTSi5、RTCr16 等。如牌号中有"Q"，则表示球墨铸铁。

6.6.2　耐磨铸铁

耐磨铸铁按其工作条件大致可分为两类：一类是在润滑条件下工作的，如机床导轨、气缸套、活塞环和轴承等；另一类是在无润滑条件下工作的，如犁铧、轧辊及球磨机零件等。

在干摩擦条件下工作的铸件，应有均匀高硬度组织，可用前述白口铸铁。但白口铸铁脆性较大，不能承受冲击载荷，因此生产中常用激冷的方法来获得冷硬铸铁。即用金属型制出铸件的耐磨表面，其他部位采用砂型制造。

在润滑条件下工作的铸件，要求在软的基体组织上牢固地嵌有硬的组织组成物。软基体磨损后形成沟槽，可以保持油膜，珠光体基体的灰铸铁可满足这种要求。组成珠光体的铁素体为软基体，渗碳体为硬组成物。同时石墨本身也是良好的润滑剂，且由于石墨的组织"松散"，能起一定的储油作用。为了进一步改善珠光体灰铸铁的耐磨性，常将铸铁的含磷量提高到 $w_P=0.4\%\sim0.6\%$，形成磷共晶体以断续网状形式分布，形成坚硬的骨架，有利于提高铸铁的耐磨性。在此基础上还可以加入 Cr、Mo、W、Cu 等合金元素，以改善组织，使基体的强度进一步提高，从而使铸铁的耐磨性得到大大改善。

6.6.3　耐蚀铸铁

普通铸铁的耐蚀性较差，这是因为其组织中有石墨、渗碳体、铁素体等不同相，它们在电解质中的电极电位不同，易形成微电池，使作为阳极的铁素体不断溶解而被腐蚀。加入合金元素后，铸件表面形成致密的保护膜（如高硅耐蚀铸铁中形成的 SiO_2 保护膜），并提高铸铁基体的电极电位，从而增大铸铁的耐蚀能力。常用的主加元素有 Si、Cr、Al、Mo、Cu、Ni 等。

耐蚀铸铁广泛应用于化工部门，制作管道、阀门、反应锅及容器等。耐蚀铸铁包括高硅、高硅铝、高铝、高铬等耐蚀铸铁，其中最常用的是普通高硅耐蚀铸铁。这种铸铁中碳的质量分数 $w_C < 0.8\%$，硅的质量分数 $w_{Si} = 14\% \sim 18\%$，组织为含硅合金铁素体＋石墨＋硅铁碳化物。它在含氧酸（如硝酸、硫酸等）中的耐蚀性不亚于 1Cr18Ni9 钢；但在碱性介质和盐酸、氢氟酸中，由于表面层的 SiO_2 保护膜受到破坏，使耐蚀性下降。

在高硅耐蚀铸铁中加入质量分数为 $6.5\% \sim 8.5\%$ 的铜，可以改善它在碱性介质中的耐蚀性。常用的高硅耐蚀铸铁的牌号有 STSi11Cu2CrR、STSi5R、STSi15Mo3R 等。牌号中"ST"表示耐蚀铸铁，R 是稀土代号，数字表示合金元素含量。

【小结】 本章主要介绍铸铁的分类、组织、性能和应用等内容。在学习之后：第一，要熟悉铸铁的分类；第二，要着重理解铸铁的组织特征与性能之间的关系，了解不同铸铁之间的性能差别和应用场合，必要时可以观察和联系生活中有关零件或机械设备使用铸铁材料的情况，加深对铸铁的认识和理解。

习　题

1. 名词解释

(1) 灰铸铁 (2) 白口铸铁 (3) 可锻铸铁 (4) 球墨铸铁 (5) 蠕墨铸铁 (6) 合金铸铁

2. 选择题

(1) 为提高灰铸铁的表面硬度和耐磨性，采用（　　）热处理方法效果较好。

A. 接触电阻加热表面淬火　　　B. 等温淬火　　　C. 渗碳后淬火加低温回火

(2) 球墨铸铁经（　　）可获得铁素体基体组织；经（　　）可获得下贝氏体基体组织。

A. 退火　　　　　　　　B. 正火　　　　　　　C. 贝氏体等温淬火

(3) 为下列零件正确选材：机床床身用（　　）；柴油机曲轴用（　　）；排气管用（　　）。

A. RuT300　　　　　　　　　　　　　　B. QT700-2

C. KTH350-10　　　　　　　　　　　　D. HT300

3. 判断题

(1) 热处理可以改变灰铸铁的基体组织，但不能改变石墨的形状、大小和分布情况。

（　　）

(2) 可锻铸铁比灰铸铁的塑性好，因此可以进行锻压加工。　　　　　　　（　　）

(3) 厚壁铸铁件的表面硬度一般比其内部高。　　　　　　　　　　　　　（　　）

(4) 可锻铸铁一般适用于制造薄壁小型铸件。　　　　　　　　　　　　　（　　）

(5) 白口铸铁件的硬度适中，易于进行切削加工。　　　　　　　　　　　（　　）

4. 简答题

(1) 什么是铸铁？

(2) 影响铸铁石墨化的因素有哪些？

(3) 球墨铸铁是如何获得的？

(4) 说明下列铸铁牌号中各符号和数字的表示含义：

HT200、KTZ600-03、QT700-2、KTH350-10、QT400-15

第7章 低合金钢与合金钢

【学习目标】
（1）了解合金元素对钢性能的影响；
（2）了解合金钢的分类；
（3）熟悉掌握机械工程常用低合金钢与合金钢的牌号、性能、热处理方法及应用。

7.1 概述

随着现代工业的发展，虽然碳钢价格低廉，容易生产和便于加工，还可以通过含碳量的增减和不同的热处理来改变它的性能，以满足工业生产上的要求，因此碳钢在机器制造业中获得广泛应用，但是碳钢存在着淬透性低、绝对强度低、回火抗力差和基本相软等缺点，不能用于大尺寸、受重载荷的零件，也不能用于耐腐蚀、耐高温的零件制造，而且热处理工艺性能不佳。

为了提高或改善钢的力学性能、工艺性能或使钢具有某些特殊的物理、化学性能，常常需要在钢中加入一定量的元素（除铁和碳外），且将含有这些元素的钢称为合金钢。

例如，对于重型运输机械和矿山机器的轴类、汽轮机叶片、大型电站的大转子、飞机及汽车的一些主要零件，它们所要求的表层和心部的力学性能都较高，若用碳钢制造，就会因淬不透而达不到性能要求，因而必须选用合金钢。

近年来，各种结构及高压容器均向大型化发展，若使用许用应力低的一般钢材，则构件截面、自重均将增大，经济性差，因此宜选用合金钢材。当然，在满足设计要求的条件下，要尽量用低合金高强度钢。如果用含合金元素多的合金钢，虽然性能满足要求，但成本增高，不符合经济性。

与碳钢比较，合金钢虽然优点多，但也存在一些缺点，如合金钢的冲压、切削等工艺性能都比较差，由于合金元素的加入往往使其冶炼、铸造、焊接及热处理等工艺比碳钢复杂，成本较高，而且一般它的优点仅是在热处理后才能充分发挥，因此在设计零件时必需全面考虑这些问题，权衡轻重后再选用材料。

7.2 合金钢的分类与牌号

7.2.1 合金钢的分类

在国家标准 GB/T 13304—1991《钢分类》中，按照化学成分、主要质量等级和主要性能及使用特性，将钢分为非合金钢（碳钢）、低合金钢、合金钢三大类。

非合金钢在第 5 章已经介绍，以下主要介绍低合金钢和合金钢。

（1）低合金钢

低合金钢是指合金元素的种类和含量低于国家标准规定范围的钢。

按质量等级（即按低合金钢中有害杂质 S、P 的质量分数）又可将低合金钢分为普通质量低合金钢（如低合金高强度结构钢、低合金钢等），优质低合金钢（如通用低合金高强度结构钢、锅炉和压力容器用低合金钢、造船用低合金钢等），特殊质量低合金钢（如核能用低合金钢、低温压力容器用钢等）。

（2）合金钢

合金钢是指合金元素的种类和质量分数高于国家规定标准范围的钢。按质量等级，合金钢可分为优质合金钢（如一般工程结构用合金钢、耐磨钢、硅锰弹簧钢等），特殊质量合金钢（如合金结构钢、轴承钢、合金工具钢、高速工具钢、不锈钢、耐热钢等）。

习惯上按合金元素总量将合金钢分类：

低合金钢（$w_{Me} < 5\%$）

中合金钢（$w_{Me} = 5\% \sim 10\%$）

高合金钢（$w_{Me} > 10\%$）

按合金元素种类将合金钢分为：铬钢、锰钢、硅锰钢、铬镍钢等。

按用途将钢分为：结构钢、工具钢、不锈钢及耐热钢等。

7.2.2 合金钢牌号表示方法

合金钢的牌号是由碳的质量分数数字、合金元素符号及合金元素的质量分数数字顺序及汉语拼音字母组成的。如 60Si2Mn、1Cr13、GCr15。

（1）碳的质量分数数字

当碳的质量分数数字为两位数时，表示钢中平均碳的质量分数的万分数；当碳的质量分数数字为一位数时，表示钢中平均碳的质量分数的千分数。例如 60Si2Mn，平均 w_C 为万分之六十，即 0.6%，1Cr13 平均 w_C 为千分之一，即 0.1%。

（2）合金元素的质量分数数字

表示该合金元素平均质量分数的百分数。当合金元素平均质量分数小于 1.5% 时不标数字。例如 60Si2Mn 平均 $w_{Si} = 2\%$，$w_{Mn} < 1.5\%$。

（3）符号

当采用汉语拼音字母表示产品名称、用途、特性和工艺方法时，一般从代表产品名称的汉语拼音中选取第一个字母，加在牌号首或尾部。如 GCr15（G 表示滚动轴承）、SM3Cr3Mo（SM 表示塑料模具）。

上面介绍的是一般情况。合金钢的牌号表示中还有一些特例，如有的钢不标碳的质量分数数字（如 CrWMn）；有的钢碳的质量分数数字为"0"或"00"（如 0Cr19Ni9、00Cr12）、有的牌号中合金元素的质量分数数字为千分数（如 GCr15）等。

7.3 合金元素在钢中的作用

7.3.1 合金元素在钢中的存在形式及作用

合金元素在钢中主要以两种形式存在：一种是溶入铁素体中形成合金铁素体；另一种是与碳元素化合形成合金碳化物。

（1）合金铁素体

大多数合金元素都能不同程度地溶入铁素体中。溶入铁素体的合金元素，由于其原子大小及晶格类型都与铁不同，因此使铁素体晶格发生不同程度的畸变，其结果使铁素体的强度和硬度有所提高；但是当合金元素超过一定的质量分数后，铁素体的韧性和塑性会显著降低。

与铁素体有相同晶格类型的合金元素，如 Cr、Mo、W、V、Nb 等强化铁素体的作用较弱；而与铁素体具有不同晶格类型的合金元素，如 Si、Mn、Ni 等元素强化铁素体的作用较强。

（2）合金碳化物

合金元素可分为碳化物形成元素和非碳化物形成元素两类。非碳化物形成元素，如 Si、Al、Ni 及 Co 等，它们只以原子状态存在于铁素体或奥氏体中。碳化物形成元素，按其与碳结合的能力，由强到弱的排序是：Ti、Nb、V、Mo、W、Cr、Mn 和 Fe。它们与碳形成的合金碳化物有：TiC、VC、WC、Cr_7C_3、$(Fe，Cr)_3C$ 及 $(Fe，Mn)_3C$ 等。这些合金碳化物本身都有极高的硬度，有的可达 $71\sim75HRC$，因而提高了钢的强度、硬度和耐磨性。

7.3.2　合金元素对钢的热处理和力学性能的影响

合金元素对钢的有利作用，主要是通过影响热处理工艺中的相变过程显示出来。因此，合金钢的优越性大多都要通过热处理才能充分发挥出来。

（1）合金元素对钢加热转变的影响

合金钢的奥氏体形成过程，基本上与非合金钢相同，也包括奥氏体的形核、核长大、碳化物的溶解和奥氏体化学成分的均匀化过程。在奥氏体形成过程中，除 Fe、C 原子扩散外，还有合金元素的扩散。由于合金元素的扩散速度较慢，且大多数合金元素（除 Ni、Co 外）均减慢碳原子的扩散速度，加之合金碳化物比较稳定，不易溶入奥氏体中，因此在不同程度上合金元素减缓了奥氏体的形成过程。所以，为了获得均匀的奥氏体，大多数合金钢都需加热到较高的温度并需较长时间的保温。

（2）合金元素对回火转变的影响

合金元素对钢回火时组织与性能的变化，都有不同程度的影响，主要是提高了钢的耐回火性，有些合金元素还造成二次硬化现象和产生钢的回火脆性。

① 合金元素提高钢的耐回火性　合金钢与非合金钢相比，回火的各个转变过程都将推迟到更高的温度。在相同的回火温度下，合金钢的硬度高于非合金钢，使钢在较高温度下回火时仍能保持高硬度。这种淬火钢件在回火时抵抗软化的能力，称为耐回火性（或回火稳定性）。合金钢有较好的耐回火性。若在相同硬度下，合金钢的回火温度则要高于非合金钢的

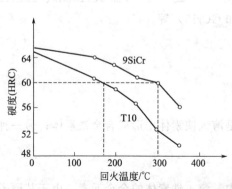

图 7-1　合金钢与非合金钢的硬度与回火温度的关系

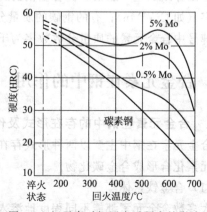

图 7-2　钼元素对钢回火后硬度的影响

回火温度，更有利于消除淬火应力，提高韧性，因此可获得更好的综合力学性能，如图 7-1 所示。

② 二次硬化现象 某些含有较多 W、Mo、V、Cr、Ti 元素的合金钢，在 $500\sim600℃$ 高温回火时，高硬度的合金碳化物（W_2C、Mo_2C、VC、Cr_7C_3、TiC 等）以微小颗粒状态析出并弥散在钢的组织中，使钢的硬度升高，这种铁碳合金在一次或多次回火后提高其硬度的现象称为二次硬化，如图 7-2 所示。高速钢和高铬钢在回火时都会产生二次硬化现象，这对于提高其热硬性都有直接影响。

综上所述，合金钢的力学性能比非合金钢好，这主要是因为合金元素提高了钢的淬透性和耐回火性，以及细化奥氏体晶粒，使铁素体固溶强化效果增强所致。而且合金元素的作用大多都要通过热处理才能发挥出来，因此合金钢多在热处理状态下使用。

7.4 低合金钢

7.4.1 低合金高强度结构钢

（1）化学成分

低合金高强度结构钢的成分特点是：低碳、低合金，其 $w_C=0.1\%\sim0.25\%$，合金元素总的质量分数为 $w_{Me}<3\%$。以 Mn 为主加元素，Si 的质量分数较普通碳素钢高，常辅加 Cu、Ti、V、Nb、P 等合金元素，有时也加入微量稀土元素。碳的质量分数低是为了获得高的塑性、良好的焊接性和冷变形能力。合金元素 Si 和 Mn 主要溶于铁素体中，起固溶强化作用。Ti、Nb、V 等在钢中形成细小碳化物，起细化晶粒和弥散强化作用，从而提高了钢的强韧性。

（2）热处理特点

低合金高强度钢一般在热轧和正火状态下使用，不需要进行专门的热处理。

（3）牌号、性能及用途

牌号表示方法与碳素结构钢相同，有 Q295、Q345、Q390、Q420、Q460，其中 Q345 应用最广泛。低合金高强度结构钢是一类可焊接的低碳低合金工程结构用钢，具有较高的强度，良好的塑性、韧性，良好的焊接性、耐蚀性和冷成形性，低的韧脆转变温度，适于冷弯和焊接，广泛用于桥梁、车辆、船舶、锅炉、高压容器和输油管等。在某些场合用低合金高强度结构钢代替碳素结构钢可减轻构件的质量。新旧标准的对比及用途见表 7-1。

表 7-1 新旧低合金高强度结构钢牌号对照及用途

新标准	旧标准	用途
Q295	09MnV、9MnNb、09Mn2、12Mn	车辆冲压件、冷弯型钢、螺旋焊管、拖拉机轮圈、低压锅炉汽包、中低压化工容器、输油管道、储油罐、油船等
Q345	12MnV、14MnNb、16Mn 18Nb、16MnRE	船舶、铁路车辆、桥梁、管道、锅炉、压力容器、石油储罐、起重及矿山机械、电站设备、厂房钢架等
Q390	15MnTi、16MnNb、10MnPNbRE、15MnV	中高压锅炉汽包、中高压石油化工容器、大型船舶、桥梁、车辆、起重机及其他较高载荷的焊接结构件等
Q420	15MnVN、14MnVTiRE	大型船舶、桥梁、电站设备、起重机械、机车车辆、中压或高压锅炉及容器的大型焊接结构件等
Q460	—	可淬火加回火后用于大型挖掘机、起重运输机械、钻井平台等

7.4.2　易切削结构钢

易切削结构钢具有小的切削抗力,对刀具的磨损小,切屑易碎,便于排除等特点,主要用于成批大量生产的螺柱、螺母、螺钉等标准件,也可用于轻型机械如自行车、缝纫机、计算机零件等。加入硫、锰、磷等合金元素,或加入微量的钙、铅能改善其切削加工性能。

易切削结构钢常用牌号有 Y12、Y12Pb、Y15、Y30、Y40Mn、Y45Ca 等,钢号中首位字母"Y"表示钢的类别为易切削结构钢,其后的数字为碳的质量分数的万分之几,末位元素符号表示主要加入的合金元素(无此项符号的钢表示为非合金易切削钢)。

7.4.3　低合金耐候钢

低合金耐候钢具有良好的耐大气腐蚀的能力,是近年来我国发展起来的新钢种。此类钢主要加入的合金元素有少量的铜、铬、磷、钼、钛、铌、钒等,使钢的表面生成致密的氧化膜,提高耐候性。

常用的牌号有 09CuP、09Cu PCrNi 等。这类钢可用于农业机械、运输机械、起重机械、铁路车辆、建筑、塔架等构件,也可制作铆接和焊接件。

7.5　机械合金结构钢

机械结构用合金钢主要用于制造机械零件,如轴、连杆、齿轮、弹簧、轴承等,其质量等级都属于特殊质量等级要求,一般都需热处理,以发挥材料的力学性能潜力。按其用途和热处理特点又分为合金渗碳钢、合金调质钢、合金弹簧钢、超高强度钢和滚动轴承钢等。

7.5.1　合金渗碳钢

一些零件如齿轮、轴、活塞销等,往往都要求表面具有高硬度和高耐磨性,心部具有较高的强度和足够的韧性。采用合金渗碳钢可以克服低碳钢渗碳后淬透性低和心部强度低的弱点。常用的合金渗碳钢的牌号、热处理规范、性能及用途见表 7-2。

表 7-2　常用合金渗碳钢的热处理规范、性能及用途

牌　号	渗碳温度/℃	热　处　理			力　学　性　能					应用举例
		预备处理温度/℃	淬火温度/℃	回火温度/℃	σ_b/MPa	σ_s/MPa	δ_s/%	ψ/℃	A_{KU}/J	
20Cr		880 水或油冷	780~820 水或油冷	200	835	540	10	40	47	齿轮,小轴,活塞销
20CrMnTi	910~950	880 油冷	870 油冷	200	1080	850	10	45	55	汽车、拖拉机上各种变速齿轮,传动件
20CrMnMo		—	850 油冷	200	1180	885	10	45	55	拖拉机主动齿轮,活塞销,球头销
20MnVB		—	860 油冷	200	1080	885	10	45	55	可代 20CrMnTi 钢作齿轮及其他渗碳零件

各种合金渗碳钢的热处理工艺规范与性能虽有不同,但其加工工艺过程却基本相同,即:下料→锻造→预备热处理→机械加工(粗加工)→渗碳→机械加工(半精加工)→淬火、回火→精加工(磨削)。

预备热处理的目的是为了改善毛坯锻造后的不良组织,消除锻造内应力,并改善其切削性能。

7.5.2　合金调质钢

合金调质钢是在中碳钢（30钢、35钢、40钢、45钢、50钢）的基础上加入一种或数种合金元素，以提高淬透性和耐回火性，使之在调质处理后具有良好的综合力学性能的钢。常加入的合金元素有Mn、Si、Cr、B、Mo等，其作用主要是提高钢的强度和韧性，增加钢的淬透性。合金调质钢常用来制造载荷较大的重要零件，如发动机轴、连杆及传动齿轮等。常用合金调质钢的热处理、力学性能及用途见表7-3。

表7-3　常用合金调质钢的热处理、力学性能及用途

牌号	热处理		力学性能					用途举例
	淬火温度/℃	回火温度/℃	σ_b/MPa	σ_s/MPa	δ_s/%	ψ/%	A_{KU}/J	
40B	840 水冷	550 水冷	780	635	12	45	55	齿轮转向拉杆,凸轮
40Cr	850 油冷	520 水、油冷	980	785	9	45	47	齿轮,套筒,轴,进气阀
40MnB	850 油冷	500 水、油冷	980	785	10	45	47	汽车转向轴,半轴,蜗杆
40CrNi	820 油冷	500 水、油冷	980	785	10	45	55	重型机械齿轮,轴,燃汽轮机叶片,转子和轴
40CrMnMo	850 油冷	600 水、油冷	980	785	10	45	63	重载荷轴,齿轮,连杆

要求表面高硬度、高耐磨性和高疲劳强度的零件，可采用渗氮用钢38CrMoAl，其热处理工艺是调质和渗氮处理。

各种合金调质钢的热处理工艺规范与性能虽有所不同，但其加工工艺过程却都大致相同，一般是：下料→锻造→预备热处理→机械加工（粗加工）→调质→机械加工（半精加工）→表面淬火或渗氮→精加工。

预备热处理的目的主要是为了改善锻造组织、细化晶粒、消除内应力，以利于切削加工，并为随后的调质处理作好组织准备。对于含合金元素少的调质钢（如40Cr钢）应采用正火；对于含合金元素较多的合金钢，则应采用退火。

对要求硬度较低（约<30HRC）的调质零件，可采用"毛坯→调质→机械加工"的工艺路线。这样做，一方面可减少零件在机械加工与热处理车间的往返时间；另一方面有利于推广锻热淬火工艺（高温形变热处理），即在锻造时控制锻造温度，利用锻后高温余热进行淬火。这样既可简化工序、节约能源、降低成本，又可提高钢的强韧性。

7.5.3　合金弹簧钢

弹簧是各种机械和仪表中的重要零件，它主要利用其弹性变形时所储存的能量缓和机械设备的振动和冲击作用。中碳钢（如55钢）和高碳钢（如65钢、70钢等）都可以作弹簧材料，但因其淬透性低和强度低，只能用来制造截面较小、受力较小的弹簧。而合金弹簧钢则可制造截面较大、屈服点较高的重要弹簧，合金弹簧钢中加入的合金元素主要是Mn、Si、Cr、V、Mo、W、B等。其作用是提高淬透性和耐回火性，强化铁素体，细化晶粒，有效地改善力学性能。常用弹簧的热处理一般根据加工工艺的不同可分为冷成形弹簧和热成形弹簧。

（1）冷成形弹簧

冷成形加工方法适用于加工小型弹簧（直径 $D<4mm$），冷成形后只需在 $250\sim300℃$ 的范围内进行去应力退火，以消除冷成形时产生的应力，稳定尺寸。

（2）热成形弹簧

热成形加工方法适用于加工大型弹簧，热成形后进行淬火和中温回火，以便提高弹簧的弹性极限和屈服点，如汽车板弹簧、火车缓冲弹簧等多用 60Si2Mn 钢来制造。

热成形弹簧的一般加工工艺过程是：下料→加热→卷簧成形→淬火→中温回火→试验→验收。

弹簧的表面质量对弹簧的使用寿命影响很大。表面氧化、脱碳、划伤和裂纹等缺陷都会使弹簧疲劳极限显著下降，应尽量避免。喷丸处理是改善弹簧表面质量的有效方法，它是将直径 $0.3\sim0.5mm$ 的铁丸或玻璃珠高速喷射在弹簧表面，使表面产生塑性变形而造成残余压应力，从而提高弹簧的疲劳寿命。常用合金弹簧钢的牌号、热处理和力学性能见表 7-4。

表 7-4　合金弹簧钢的牌号、热处理和力学性能

牌　号	热　处　理			力　学　性　能			
	淬火温度/℃	淬火介质	回火温度/℃	σ_b/MPa	σ_s/MPa	δ_s/%	ψ/%
				不小于			
55Si2Mn	870	油	480	1275	1177	6	30
60Si2Mn	870	油	480	1275	1177	5	25
55SiMnVB	860	油	460	1375	1225	5	30
66Mn	830	油	540	980	785	8	30

7.5.4　超高强度钢

超高强度钢一般都是指 $\sigma_s>1370MPa$、$\sigma_b>1500MPa$ 的特殊质量合金结构钢。它是在合金调质钢的基础上，加入多种合金元素进行复合强化产生的，主要用于航空和航天工业。如 35Si2MnMoVA 钢，其抗拉强度可达 1700MPa，用于制造飞机的起落架、框架、发动机曲轴等；40SiMnCrWMoRE 钢工作在 $300\sim500℃$ 时仍能保持高强度、抗氧化性和抗热疲劳性，用于制造超音速飞机的机体构件。

7.5.5　滚动轴承钢

滚动轴承钢主要用于制造滚动轴承的滚动体和内外圈，还在量具、模具、低合金刃具等方面被广泛应用，这些零件都要求具有较高的、均匀的硬度，良好的耐磨性，高耐压强度和高疲劳强度等性能。滚动轴承钢碳的质量分数较高（$w_C=0.95\%\sim1.15\%$），钢中铬的加入量为 $0.4\%\sim1.65\%$，目的在于增加钢的淬透性，并使碳化物呈均匀而细密的分布，提高其耐磨性。对于大型轴承用钢，还加入 Si、Mn 等合金元素进一步提高其淬透性。最常用的滚动轴承钢是 GCr15。

滚动轴承钢的热处理主要是锻造后进行球化退火，制成零件后进行淬火和低温回火，得到回火马氏体及碳化物组织，硬度≥62HRC。常用滚动轴承钢的化学成分、热处理及用途见表 7-5。

表7-5　滚动轴承钢的化学成分、热处理及用途

牌　号	化 学 成 分				热 处 理			应 用 范 围
	$w_C/\%$	$w_{Cr}/\%$	$w_{Mn}/\%$	$w_{Si}/\%$	淬火温度/℃	回火温度/℃	回火后硬度(HRC)	
GCr9	1.0～1.2	0.9～1.2	0.2～0.4	0.15～0.35	810～830	150～170	62～66	ϕ10～20 的滚珠
GCr15	0.95～1.05	1.3～1.65	0.2～0.4	0.15～0.35	825～845	150～170	62～66	壁厚 20mm 中小型套圈，ϕ<50 的滚珠
GCr15SiMn	0.95～1.05	1.3～1.65	0.9～1.2	0.4～0.65	820～840	150～180	≥62	壁厚＞30mm 大型套圈，ϕ50～100 的滚珠

【小结】　本章主要介绍了合金元素在钢中的作用及低合金钢与合金钢的分类、性能和应用等内容。在学习之后：第一，要准确认识合金钢与非合金钢的关系和区别，合金元素在钢中的作用；第二，要特别理解合金钢的分类、性能、热处理方法和应用之间的一般关系，而且还要积累典型材料、零件、热处理方法和应用之间的感性知识。采取这种方式学习，可以做到由繁到简，由难到易，由书本知识到实践经验的转化，达到提纲挈领、触类旁通的效果，并能提高学习效率。

习　题

1. 名词解释

（1）低合金钢　（2）合金钢　（3）耐回火性　（4）二次硬化

2. 判断题

（1）大部分低合金钢和合金钢的淬透性比非合金钢好。　　　　　　　　　（　　）

（2）GCr15 钢是滚动轴承钢，其铬（Cr）的质量分数是 15%。　　　　　（　　）

（3）40Cr 钢是最常用的合金调质钢。　　　　　　　　　　　　　　　　　（　　）

3. 填空题

（1）低合金钢按主要质量等级分为 ＿＿＿＿＿＿＿＿ 钢、＿＿＿＿＿＿＿＿ 钢和＿＿＿＿＿＿ 钢。

（2）合金钢按主要质量等级可分为 ＿＿＿＿＿＿＿＿ 钢和 ＿＿＿＿＿＿＿＿ 钢。

（3）机械结构用钢有 ＿＿＿＿＿＿ 钢、＿＿＿＿＿＿＿＿ 钢、＿＿＿＿＿＿＿＿ 钢和 ＿＿＿＿＿＿ 钢等。

4. 简答题

（1）合金元素在钢中以什么形式存在？对钢的性能有哪些影响？

（2）合金元素对钢回火转变有哪些影响？有什么好处？

（3）说明下列牌号属何类钢？其数字和符号各表示什么？

20Cr　9SiCr　60Si2Mn　GCr15　1Cr13　Cr12

第8章　工具钢、硬质合金及特殊性能钢

【学习目标】

(1) 了解工具钢的分类及编号；

(2) 熟悉硬质合金的牌号、性能及其成分；

(3) 熟悉特殊性能钢的牌号、性能、成分、热处理及用途。

8.1　工具钢的分类及编号

工具钢按用途可分为刃具钢、模具钢及量具钢三类，但各类钢的实际应用界限并不明显。例如，某些低合金刃具钢除了用作刃具外，也可以用来制造冷作模具或量具。高速钢是典型的高速切削用刃具钢，但现在也大量用于制造冷作模具。一般热作模具钢的通用性较小，而低合金刃具钢、冷作模具钢及量具钢的共用性较强。重要的是应了解各类钢的成分及性能特点，以便根据具体工作条件进行选择。

8.1.1　工具钢的分类

(1) 按成分分

① 碳素工具钢　简称碳工钢，属于高碳成分的铁碳合金。

② 合金工具钢　又分为低合金工具钢、中合金工具钢和高合金工具钢。

(2) 按用途分

① 刃具钢　主要用于制造各种金属切削刀具，如钻头、车刀、铣刀等。

② 模具钢　主要用于制造各种金属成形模具，又分为冷作模具钢和热作模具钢两种。如冷冲模、冷挤模、热锻模、压铸模等。

③ 量具钢　主要用于制造各种测量工具，如千分尺、块规、样板等。

8.1.2　工具钢的编号

合金工具钢的编号原则与合金结构钢相似，具体编号方法如下。

平均碳的质量分数 $w_C \geqslant 1\%$ 时不标出；$w_C < 1\%$ 时，在钢牌号前部用数字表示出平均碳的质量分数的千分数。不过高速钢的标注不同，平均碳的质量分数 $w_C < 1\%$，一般也不标注。

合金元素含量表示方法与合金结构钢相同。例如 CrMn，表示平均碳的质量分数 $w_C \geqslant 1\%$，Cr、Mn 平均质量分数 $w_{Cr、Mn} < 1.5\%$；9SiCr 表示平均碳的质量分数为 $w_C = 0.9\%$，Si、Cr 平均质量分数 $w_{Si、Cr} < 1.5\%$ 的合金工具钢。由于合金工具钢都属于高级优质钢，故不标出"A"。

8.2　刃具钢

刃具钢按成分及性能特点可分为碳素刃具钢、低合金刃具钢和高速钢。

8.2.1　刃具钢的性能要求

刃具钢的工作条件较差，在切削过程中，刀刃与工件表面金属相互作用使切屑产生变形与断裂并从整体上剥离下来，故刀刃本身承受弯曲、扭转、剪切应力和冲击、振动负荷，同时还要受到工件和切屑的强烈摩擦作用，产生大量热，使刃具温度升高，有时温度可达600℃以上，切削速度越快、吃刀量越大，则刀刃局部升温越高。刃具的失效形式有卷刃、崩刃和折断等，但最普遍的失效形式是磨损。因此，刃具钢应具有以下基本性能。

（1）高硬度

高硬度是对刃具钢的基本要求。硬度不够高时易导致刃具卷刃或变形，切削将无法进行。刀具的硬度一般应在60HRC以上。钢在淬火后的硬度主要取决于含碳量，故刃具钢均以高碳马氏体为基体。

（2）高耐磨性

耐磨性是保证刃具锋利不钝的主要因素，更重要的是，刃具在高温下应保持高的耐磨性。耐磨性除与硬度有关外，也与钢的组织密切相关。高碳马氏体＋均匀细小碳化物的组织，其耐磨性要比单一的马氏体组织高得多。

（3）高热硬性（也称为红硬性或耐热性）

大多数刃具的工作部分都远高于200℃。刃具在高温下保持高硬度的能力称为热硬性。热硬性通常用保持60HRC硬度时的加热温度来表示，热硬性与钢的回火稳定性有关。

（4）足够的强度、塑性和韧性

切削时刃具要承受弯曲、扭转和冲击振动等载荷的作用，应保证刃具在这些情况下不会断裂或崩刃。

8.2.2　碳素刃具钢

为了保证刃具有足够的硬度和耐磨性，碳素刃具钢中碳的质量分数 $w_C = 0.65\% \sim 1.35\%$，它不仅可用于刃具，也可用于模具和量具。

各种碳素刃具钢的性能和应用范围随其含碳量而不同。一般说来，含碳量较低的T7、T8钢，塑性较好，但耐磨性较差，只适宜制造承受冲击和要求韧性较高的工具，如木工用刃具、手锤、剪刀等，淬火后工作部分硬度为48～54HRC。含碳量居中的T9、T10、T11钢塑性稍低，但由于淬火后会有一定数量的未溶渗碳体，其耐磨性较好，故适宜制造承受冲击振动较小而受较大切削力的工具，如丝锥、板牙、手锯条等，淬回火后硬度为60～62HRC。含碳量较高的T12、T13钢硬度及耐磨性高，但韧性差，用于制造不承受冲击的刃具，如锉刀、精车刀、钻头、刮刀等。

大多数碳素刃具钢都需经锻造，使碳化物细化并分布均匀，然后球化退火，降低硬度，以改善可加工性，同时为淬火作好组织准备。球化退火工艺是在760～780℃加热保温2～4h，接着680～700℃等温3～5h，缓冷至500℃空冷。退火后的组织为球状珠光体，硬度不高于197HBW。

碳素刃具钢的加热温度按其含碳量而定。由于这类钢对过热敏感，故应选择较低的淬火温度，淬后应立即低温回火。回火后的组织应为细针状马氏体和分布均匀的细小粒状渗碳体，并有少量残留奥氏体。

碳素刃具钢的淬透性较差，除形状复杂或厚度小于5mm的小刃具需在油中冷却外，一般都在水、盐水或碱水中淬火，故开裂倾向大。

　　T7A～T13A 等高级优质钢的淬火开裂倾向较相应的碳素刃具钢要小，适宜制造形状较复杂的刃具。

8.2.3　低合金刃具钢

　　低合金刃具钢的工作温度一般不超过 300℃，常用于制造截面较大、形状复杂、切削条件较差的刃具，如搓丝板、丝锥、板牙等。

　　(1) 低合金刃具钢的成分特点

　　① 低合金刃具钢的含碳量高，一般 $w_C = 0.75\% \sim 1.5\%$ 之间，以保证淬火后获得高硬度（≥62HRC），并形成适当数量的碳化物以提高耐磨性。

　　② 加入 Cr、Si、Mn、W、V 等元素，能提高淬透性及回火稳定性，并能强化基体，细化晶粒。因此，低合金刃具钢的耐磨性和热硬性比碳素刃具钢好，它的淬透性较碳素钢好，淬火冷却可在油中进行，从而减小变形、开裂倾向。但合金元素的加入导致临界点升高，通常淬火温度较高，使得脱碳倾向增大。

　　(2) 低合金刃具钢的热处理

　　低合金刃具钢的热处理方法与碳素刃具钢相似，刃具毛坯锻压后的预备热处理采用球化退火，最终热处理采用淬火＋低温回火。

　　由于合金元素的加入，合金刃具钢的导热性较差。因此对形状复杂或截面较大的刃具，淬火加热时应进行预热（600～650℃）。选择淬火加热温度时，应使碳化物不完全溶解，以阻止奥氏体晶粒长大，使钢有较高的耐磨性。但淬火温度不宜过低，淬火温度过低会使溶入奥氏体的碳化物减少，使钢的淬透性降低。因此，淬火温度应根据刃具的形状和尺寸等确定，并需严格控制淬火温度。一般可采用油淬、分级淬火或等温淬火。球化退火＋淬火＋低温回火后，组织应为细回火马氏体＋粒状合金碳化物及少量的残留奥氏体。

8.2.4　高速钢

　　高速钢是一种用于制造高速切削刃具的高合金工具钢。通常高速切削时刃具的工作温度可达 500～600℃。高速钢的热硬性和耐磨性均优于碳素刃具钢和低合金刃具钢，因此高速钢得到了广泛的应用。

　　(1) 高速钢的成分特点

　　① 含碳量高　一般碳的质量分数为 $w_C = 0.7\% \sim 1.4\%$。高的含碳量一方面是保证钢在淬得马氏体后有高的硬度；另一方面与强碳化物形成元素生成极硬的合金碳化物，大大地增大钢的耐磨性和热硬性。含碳量也不宜过高，含碳量过高，易产生严重的碳化物偏析，会降低钢的塑性和韧性。因此，高速钢的含碳量应与合金元素的含量相适应。

　　② 加入铬提高钢的淬透性　高速钢的含铬量一般为 $w_{Cr} \approx 4\%$。铬的碳化物在淬火加热时容易溶解，铬几乎全部溶入奥氏体中，增加奥氏体的稳定性，使钢的淬透性大大提高。

　　③ 加入钨或钼造成二次硬化，以保证高的热硬性　钨或钼的碳化物在淬火加热时极难溶解，大约只有一半的量溶入奥氏体中，而其余部分作为残余碳化物留下来，起到阻止奥氏体晶粒长大的作用，并能提高耐磨性。溶入的部分则在 560℃ 左右回火时以 W_2C 或 Mo_2C 形式析出，造成二次硬化。这种碳化物在 500～600℃ 温度下非常稳定，不易聚集长大，因而使钢在此温度下仍能保持高的硬度，表现出高的热硬性。

　　④ 加入钒提高钢的耐磨性和热硬性　钒在高速钢中形成硬度极高的碳化物，这种碳化物非常稳定，很难溶于奥氏体中，大部分以残余碳化物形式保留下来。钒的碳化物不但硬度

极高，而且颗粒细小，分布均匀，对提高钢的耐磨性起很大作用。溶入奥氏体的钒在回火时以 VC 的形式析出，也可造成二次硬化，提高钢的热硬性。但因其总的含量不高，提高热硬性的作用不如钨、钼大，所以，在高速钢中钒的主要作用是提高耐磨性。

⑤ 钢中加入钴能显著提高钢的热硬性（645～650℃）和二次硬度（67～70HRC）。加入钴后还可提高钢的耐磨性、导热性，并能改善其磨削加工性。

（2）常用高速钢的类型和应用

常用高速钢可分为通用型高速钢和高性能高速钢两大类。

① 通用型高速钢　通用型高速钢中碳的质量分数为 $w_C=0.7\%\sim0.9\%$，这类高速钢具有较高的硬度和耐磨性，高的强度，良好的塑性和磨削性，因此广泛用于制造各种形状复杂的刃具。按组成高速钢的主要成分，通用型高速钢又可分为钨系高速钢和钼系高速钢两种。

a. 钨系高速钢。典型的牌号是 W18Cr4V，它具有良好的综合性能，在我国应用较为广泛。这种钢通用性强，可用于制造各种复杂刃具，如拉刀、螺纹铣刀、齿轮刀具、各种铣刀等。由于这种钢含钒量少，故磨削性好，所以常用于制造各种精加工刃具，如螺纹车刀、宽刃精刨刀、精车刀、成形车刀等。这种钢由于含碳化物较多，淬火时过热倾向小，塑性变形抗力也较大，但其碳化物分布不均匀、颗粒大，这将影响薄刃刀具和小截面刃具的耐用度。此外，钨的价格较贵，使得钨高速钢的使用量已逐渐减少。

b. 钼系高速钢。钼系高速钢是用钼代替一部分钨，典型牌号是 W6Mn5Cr4V2。加入钼后钢的结晶温度间隔变窄，铸态共晶莱氏体细小，因而它的碳化物比钨系高速钢均匀细小，使钢在 950～1100℃有良好的塑性，便于压力加工，并且热处理后也有较好的韧性。由于这种钢的含钒量较多，故耐磨性要优于 W18Cr4V，但热处理时脱碳倾向较大，热硬性略低于 W18Cr4V。因此，这种钢适用于制造要求耐磨性和韧性较好的刃具，如铣刀、插齿刀、锥齿轮刨刀等。这种钢还特别适于在轧制或扭制钻头等热成形工艺中使用。

② 高性能高速钢　高性能高速钢是在通用型高速钢成分中再增加一些含碳量、含钒量，有时添加钴、铝等合金元素，以提高耐磨性和热硬性的新钢种。这类钢适合于加工奥氏体不锈钢、高温合金、钛合金、超高强度钢等难加工材料。

高性能高速钢包括高碳高速钢、钴高速钢、铝高速钢等。高碳高速钢典型牌号是 9W18Cr4V，碳的质量分数为 $w_C=0.9\%\sim1.0\%$，硬度为 66～68HRC，硬度和热硬性均高于 W18Cr4V。钴高速钢典型牌号是 W6Mo5Cr4V2Co8，硬度可达 64～66HRC，在 600℃时硬度为 54HRC。此外还有铝高速钢 W6Mo5Cr4V2Al、氮高速钢 W12Mo3Cr4V3N 等。

8.3　模具钢

主要用来制造各种模具的钢称为模具钢。用于冷态金属成形的模具钢称为冷作模具钢，如制造各种冷冲模、冷挤压模、冷拉模的钢种等。这类模具工作时的实际温度一般不超过 200～300℃。用于热态金属成形的模具钢称为热作模具钢，如制造各种热锻模、热挤压模、压铸模的钢种等。这类模具工作时型腔表面的工作温度可达 600℃以上。

8.3.1　冷作模具钢

（1）冷作模具钢的性能要求

冷作模具在工作时要承受很大的载荷，如剪力、压力、弯矩等，而且这些载荷大都带有冲击性质，同时模具与坯料间还发生强烈摩擦。因此，冷作模具应满足以下要求。

① 高的硬度和高的耐磨性　金属冷态变形时硬度增大，没有高的硬度与高的耐磨性，模具本身会变形或迅速磨损。

② 足够的强度、韧性和疲劳强度　要保证模具在工作时，能承受各种载荷，而不发生断裂或疲劳断裂。

（2）冷作模具钢的成分特点

① 含碳量高　冷作模具钢的硬度一般在 60HRC 左右，同时要求有高的耐磨性，因此碳的质量分数较高，多在 $w_C \geqslant 0.8\%$，有时甚至高达 $w_C = 2\%$。

② 加入能提高耐磨性的元素　如 Cr、Mo、W、V 等较强碳化物形成元素，形成难熔碳化物以提高耐磨性。常用冷作模具钢 Cr12、Cr12MoV，铬的质量分数高达 $w_{Cr} = 11\% \sim 13\%$。铬还可显著提高钢的淬透性。

对于要求不高的小型冷作模具，则大多采用碳素工具钢或低合金刃具钢。各种冷作模具钢的选用举例见表 8-1。

表 8-1　冷作模具钢选用举例

冲模种类	牌　号			备　注
	简单（轻载）	复杂（轻载）	重载	
硅钢片冲模	Cr12,Cr12MoV, Cr6WV	Cr12,Cr12MoV, Cr6WV		因加工批量大，要求寿命较长，故均采用高合金钢
冲孔落料模	T10A,9Mn2V	9Mn2V,Cr12MoV, Cr6WV	Cr12MoV	
压弯模			Cr12,Cr12MoV, Cr6WV	
拔丝模	T10A,9Mn2V		Cr12,Cr12MoV	
冷挤压模	T10A,9Mn2V	9Mn2V,Cr12MoV, Cr6WV	Cr12MoV, Cr6WV	要求热硬性时还可选用 W18Cr4V、W6Mo5Cr4V2
小冲头	T10A,9Mn2V	Cr12MoV	W18Cr4V, W6Mo5Cr4V2	冷挤压钢件，硬铝冲头还可选用超硬高速钢、基体钢
冷镦模	T10A,9Mn2V		Cr12MoV,W18Cr4V, 8Cr8Mo2SiV,8CrMo2SiV2, 基体钢,Cr4W2MoV	

（3）冷作模具钢的热处理

冷作模具钢的性能要求与刃具钢相似，但要求热处理后的变形要小，而对热硬性的要求不高。因此，冷作模具钢的化学成分和热处理特点与刃具钢也相似。下面以 Cr12 钢为例介绍冷作模具钢的热处理特点。

Cr12 钢也属于莱氏体钢，因此，需要经过反复锻造来破碎网状共晶碳化物，并消除其分布的不均匀性。锻造后应进行等温球化退火。

Cr12 钢在不同温度淬火后，又在不同温度下回火时，其硬度将会发生变化。用来提高这种类型钢的硬度有两种热处理方法。

① 一次硬化法　采用较低的淬火温度和较低的回火温度。如 Cr12 钢加热到 980℃ 保温后油中淬火，然后在 170℃ 低温回火，硬度达 61～63HRC。这种方法处理后模具的淬火变形小，耐磨性高，应用较广泛。

② 二次硬化法　采用较高的淬火温度与多次回火。如 Cr12 钢 1100℃ 保温后油淬，淬火

后残留奥氏体较多，硬度较低，但经多次 $510\sim520℃$ 回火，产生二次硬化，硬度可达 $60\sim62HRC$。这种方法处理后可获得较高的热硬性，常用来处理在 $400\sim450℃$ 条件下工作的模具。其缺点是韧性低于一次硬化，且淬火变形较大。

Cr12 钢最终热处理组织为回火马氏体＋残留奥氏体，具有高的强度和硬度，良好的耐磨性，广泛应用于制造冷冲模和滚丝模等冷作模具。Cr12MoV 钢的含碳量略低，由于加入钼、钒元素，细化了晶粒，改善了碳化物的分布，使其强度和韧性均高于 Cr12 钢，但耐磨性稍差。

近年来还发展了高强韧性冷作模具钢。此类钢的成分与高速钢在正常淬火后基体的成分相近，故亦称之为基体钢。这种钢的强度和韧性较高，淬火变形小，并具有一定的耐磨性和热硬性，常用于制造冷挤压模。常用牌号有 5Cr4W2Mo3V、6CrMoNiWV 等。

8.3.2　热作模具钢

热作模具钢是用来制造高温下使金属成形的模具，如热锻模、热挤压模、压铸模等。

（1）热作模具钢的性能要求

热作模具在工作时的主要特点是与热态（温度高都可达 $1100\sim1200℃$）金属相接触。因此带来两方面的问题，其一是使模腔表层金属受热，温度可升至 $300\sim400℃$（锤锻模）、$500\sim600℃$（热挤压模）、甚至近千度（钢铁材料压铸模）；其二是使模腔表层金属产生热疲劳（系指模具型腔表面在工作中反复受到炽热金属的加热和冷却剂的冷却交替作用而引起的龟裂现象）。此外，还有使工件变形的机械应力和与工件间的强烈摩擦作用。故模具常见失效形式是变形、磨损、开裂和热疲劳等。因此，用于热作模具的材料应满足以下性能要求：

① 高的热硬性和高温耐磨性。

② 足够的强度和韧性，尤其是受冲击载荷较大的热锻模。

③ 高的热稳定性，在工作过程中不易氧化。

④ 高的抗热疲劳能力。

（2）热作模具钢的成分特点

① 这种钢一般是中碳钢（$w_C=0.3\%\sim0.6\%$），以保证在回火后获得较高的强度和韧性。

② 加入较多的提高淬透性元素，如 Cr、Ni、Mn 等。镍在强化钢基体（铁素体）的同时还能提高其韧性。

③ 加入能产生二次硬化的合金元素，如 Mo、W、V 等。对于要求有较高热强度的热压模具，这是保证性能的重要途径。

（3）热作模具钢的热处理

热锻模的预备热处理是退火，目的在于消除锻造应力，改善可加工性。退火后的组织为细片状珠光体与铁素体。5CrMnMo 的退火温度为 $780\sim800℃$（A_3 以上），保温 $4\sim5h$ 后炉冷，硬度为 $197\sim241HBW$。最终热处理是淬火加回火，以获得所需力学性能。回火温度应根据模具大小确定，模具截面尺寸较大的，硬度应低些。因为大尺寸模具回火后还需切削加工，此外还应具有较高的韧性。对模具的模面与模尾也有不同的硬度要求。为了避免模尾因韧性不足而发生脆断，回火温度应高些；而模面是工作部分，要求硬度较高，相应回火温度应低些。热锻模采用 5CrMnMo 钢，淬火加热前应在 5000℃预热一次，淬火加热温度约820～830℃。为了防止淬火开裂，一般预冷至

750～780℃后油冷，冷却至 Ms 点时取出回火，以避免开裂。回火后的组织为回火托氏体或回火索氏体。

压铸模在工作时与炽热的金属接触时间较长，所以要求模具钢具有更高的热硬性、抗热疲劳能力和良好的导热性，还应有抗金属液的冲刷和耐蚀能力。常用的牌号是 3Cr2W8V、4CrSi 和 4CrW2Si 等。3Cr2W8V 虽然 $w_C \approx 0.3\%$，但由于合金元素使 S 点左移，因此已属过共析钢。由于钨的质量分数 $w_W = 8\%$，回火抗力提高，有二次硬化现象，从而保证了热硬性。合金元素铬、钨、钒等使 A_1 提高到 820～830℃，因而提高了抗热疲劳性。这种钢在 600～650℃下 σ_b 可达 1000～1200MPa，而且淬透性好，在截面直径 100mm 以下可在油中淬透。常用来制造浇铸温度较高的铜合金和铝合金的压铸模。

对于塑料模具，由于受力不大，冲击较小，工作温度不高，只要求有较低的表面粗糙度，一般可选用弱钢或铸铁。

8.4　量具钢

8.4.1　量具钢的性能要求

量具钢主要用于制造测量零件尺寸的各种量具，如卡尺、千分尺、塞规、样板等。所以对量具钢有以下要求。

① 量具的工作部分应具有高的硬度（≥62HRC）和耐磨性，以保证量具在长期使用过程中不因磨损而失去原有的精度。

② 量具在使用过程中和保存期间，应具有尺寸稳定性，以保证其高精度。

③ 量具在使用时，偶尔受到碰撞和冲击，应不致发生崩落和破坏。

8.4.2　常用量具用钢

高精度的精密量具（如塞规、量块等）或形状复杂的量具，应采用热处理变形小的 CrMn、CrWMn、GCr15 等钢制造。要求耐腐蚀的量具可用不锈钢制造。

精度要求不高、形状简单的量具，如量规、模套等可采用 T10A、T12A、9SiCr 等钢制造。使用频繁、精度要求不高的卡板、样板、直尺等，也可选用 50、55、60、60Mn、65Mn 等钢经表面热处理来制造。

8.4.3　量具钢的热处理特点

量具钢的热处理方法与刃具钢相似，进行球化退火，淬火＋低温退火。为了获得较高的硬度和耐磨性，回火温度可低些。

量具在热处理时重要的是要保证尺寸的稳定性。出现尺寸不稳定的原因，主要是由于残留奥氏体转变为回火马氏体时所引起的尺寸膨胀，马氏体在室温下析出碳化物引起尺寸收缩，淬火及磨削所产生的残余应力也导致尺寸的变化。虽然这些尺寸变化微小（2～3μm），但对于高精度量具来说是不允许的。

为了提高量具尺寸的稳定性，对精密量具在淬火后应立即进行冷处理，然后在 150～160℃下低温回火；低温回火后还应进行一次人工时效（110～150℃，24～36h），尽量使淬火组织转变为较稳定的回火马氏体并消除淬火应力。量具精磨后要在 120℃下人工时效 2～3h，以消除磨削应力。

8.5　硬质合金

随着现代工业的飞速发展，机械加工对工具材料提出了更高的要求。例如，用于高速切削的高速钢刀具，其热硬性已不能满足更高的使用要求。此外，一些生产中使用的冷冲模，即使是用工具钢制造，其耐磨性也显得不足。因此，须开发和使用更为优良的新型工具材料——硬质合金。

8.5.1　硬质合金生产简介

硬质合金是指由作为主要组元的一种或几种难熔金属碳化物和金属黏结剂组成的烧结材料。难熔金属碳化物主要以碳化钨（WC）、碳化钛（TiC）等粉末为主要成分，金属黏结剂主要以钴（Co）粉末为主，经混合均匀后，放入压模中压制成形，最后经高温（1400～1500℃）烧结后形成硬质合金材料。

8.5.2　硬质合金的性能特点

硬质合金的硬度高（86～93HRA，相当于 69～81HRC），高于高速钢（63～70HRC）；热硬性高（可达 800～1000℃），远高于高速钢（500～650℃）；耐磨性好，比高速钢要高15～20 倍（各种刀具材料的硬度和热硬性温度比较见图 8-1）。由于这些特点，使得硬质合金刀具的切削速度比高速钢高 4～10 倍，刀具寿命可提高 5～80 倍。这是由于构成硬质合金的主要成分 WC 和 TiC 都具有很高的硬度、耐磨性和热稳定性的缘故。

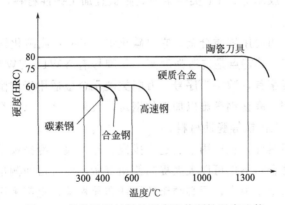

图 8-1　各种刀具材料的硬度和热硬性温度比较

硬质合金的抗压强度高（比高速钢高，可达 6000MPa），但抗弯强度低（只有高速钢的1/3～1/2），冲击韧度较差，仅为 2.0～6.0J/cm²，为淬火钢的 30%～50%。此外，硬质合金还具有耐腐蚀、抗氧化和热膨胀系数比钢低等特点。

在机械制造中，硬质合金主要用于制造刀具、冷作模具、量具及耐磨零件。由于硬质合金的导热性很差，在室温下几乎没有塑性，因此，在磨削和焊接时，急热和急冷都会形成很大的热应力，甚至产生表面裂纹。又由于硬质合金硬度高、脆性大，不能用一般的切削方法加工，故只能采用特种加工（如电火花加工、线切割、导电磨削等）或专门的砂轮磨削。因此，通常都是将一定规格的硬质合金刀片采用钎焊、黏结或机械装夹方法固定在刀杆或模具体上使用。另外，在采矿、采煤、石油和地质钻探等工业，也使用硬质合金制造凿岩用钎头和钻头等。

8.5.3　常用硬质合金

按化学成分和性能特点的不同，硬质合金分为钨钴类、钨钴钛类和万能类硬质合金三类。

（1）钨钴类硬质合金

钨钴类硬质合金的主要组成为碳化钨（WC）和钴（Co）。其牌号用"硬"和"钴"两字的汉语拼音的字首"YG"加数字表示，数字表示钴的质量分数。例如，YG6 表示钴的质量分数是 6%，碳化钨的质量分数是 94% 的钨钴类硬质合金。

（2）钨钴钛类硬质合金

钨钴钛类硬质合金的主要组成为碳化钨（WC）、碳化钛（TiC）和钴（Co）。其牌号用"硬"和"钛"两字的汉语拼音的字首"YT"加数字表示，数字表示碳化钛的质量分数。例如，YT15 表示碳化钛的质量分数是 15%，余量为碳化钨和钴，是钨钴钛类硬质合金。

在上述两种硬质合金中，碳化物是整个合金的"骨架"，起耐磨作用，但性脆；钴起黏结作用，是硬质合金韧性的来源。同类硬质合金中，随着钴的质量分数的增加，合金的强度和韧性都有所提高，而硬度、热硬性及耐磨性都有所降低。一般钴的质量分数较高的硬质合金都适宜制作粗加工刀具；反之，则适宜制造精加工刀具。

从硬度来说，TiC 的硬度高于 WC 的硬度，WC 的硬度高于 Co 的硬度；对于韧性来说，则正相反。当钴的质量分数相同时，YT 类硬质合金由于碳化钛的加入，因而具有较高的硬度、热硬性及耐磨性，但其强度和韧性比 YG 类硬质合金低。因此，YG 类合金刀具适宜加工脆性材料，如铸铁、胶木等；YT 类合金刀具则适宜加工韧性材料，如非合金钢等。

（3）万能类硬质合金

万能类硬质合金也叫通用硬质合金，它以碳化钽（TaC）或碳化铌（NbC）取代 YT 类硬质合金中的部分 TiC，其特点是抗弯强度高。其牌号有 YW1、YW2 等，"YW"是"硬"和"万"两字汉语拼音字首，数字为序号。万能类硬质合金适用于切削各种钢材，特别是对于切削不锈钢、耐热钢、高锰钢等难以加工的钢材，效果显著。万能类硬质合金也可以代替 YG 类硬质合金用来加工铸铁等脆性材料。

硬质合金除用于刀具外，也可用于制造冷拔模、冷冲模、冷挤模及冷镦模等。在量具的易磨损面上镶嵌硬质合金，不仅可以大大提高使用寿命，而且可使测量精度更加可靠。对于许多耐磨机械零件，如车床顶尖，无心磨床的导杆和导板等，也都采用硬质合金。模具、量具和耐磨零件一般都使用 YG 类硬质合金。受冲击小，而要求耐磨性高的，可用含钴量低的牌号，如 YG3～YG6；受冲击较大，要求强度较高的，选用钴的质量分数较高的牌号，如 YG8～YG15；在冲击载荷大的情况下，则采用钴的质量分数高的 YG20 和 YG25 等。

使用硬质合金，可以成倍甚至百倍地提高工具和零件的寿命，降低消耗，提高生产率和产品质量。但由于硬质合金中含有大量的 W、Co、Ti 等贵重金属，价格较贵，所以应注意节约使用。

8.5.4　钢结硬质合金

钢结硬质合金的性能介于硬质合金和合金工具钢之间。它是以碳化钨（WC）、碳化钛（TiC）、碳化钒（VC）粉末等为硬质相，以铁粉加少量的合金元素为黏结剂，采用粉末冶金方法制造而成。这种硬质合金与钢一样，具有较好的加工性能，经退火后可进行切削加工，也可以进行锻造、热处理、焊接等加工。经淬火加低温回火后，其硬度可达 70HRC，具有相当于硬质合金的高硬度和高耐磨性，适用于制造各种形状复杂的刀具（如麻花钻、铣刀等）、模具及耐磨零件等。常用钢结硬质合金的牌号有 YE65 和 YE50。

8.6 特殊性能钢

8.6.1 不锈钢

不锈钢是不锈钢和耐酸钢的统称，应能够抵抗空气、蒸汽、酸、碱、盐等腐蚀性介质的腐蚀。不锈钢主要用来制造在各种腐蚀介质中工作的零件或构件，例如化工装置中的管道、阀门、泵，医疗手术器械，防锈刃具和量具等。

化学成分：不锈钢的耐蚀性随碳的质量分数的增加而降低，因此大多数不锈钢的碳的质量分数均较低，有些钢的 w_C 甚至低于 0.03%（如 00Cr12）。不锈钢中的主要合金元素是 Cr，只有当 Cr 的质量分数达到一定值时，钢才有耐蚀性。因此，不锈钢一般 w_{Cr} 均在 13% 以上。不锈钢中还含有 Ni、Ti、Mn、N、Nb 等元素。

不锈钢种类：不锈钢按成分分为铬不锈钢、铬镍不锈钢和铬锰氮不锈钢等。通常按组织状态分为马氏体钢、铁素体钢、奥氏体钢等。

（1）马氏体不锈钢

马氏体不锈钢的常用牌号有 1Cr13、3Cr13 等，因碳的质量分数较高，故具有较高的强度、硬度和耐磨性，但耐蚀性稍差，用于力学性能要求较高、耐蚀性能要求一般的一些零件上，如弹簧、汽轮机叶片、水压机阀等。这类钢是在淬火、回火处理后使用的。

（2）铁素体不锈钢

属于这一类的有 Cr17、Cr17MoTi、Cr25、Cr25Mo3Ti、Cr28 等。铁素体不锈钢因为铬的质量分数高，耐腐蚀性能与抗氧化性能均比较好，但力学性能与工艺性能较差，多用于受力不大的耐酸结构及做抗氧化钢使用。这类钢能抵抗大气、硝酸及盐水溶液的腐蚀，并具有高温抗氧化性能好、热膨胀系数小等特点，用于硝酸及食品工厂设备，也可制作在高温下工作的零件，如燃气轮机零件等。

（3）奥氏体不锈钢

奥氏体不锈钢的常用牌号有 1Cr18Ni9、0Cr19Ni9 等。0Cr19Ni9 钢的 $w_C < 0.08\%$，钢号中标记为"0"。这类钢中含有大量的 Ni 和 Cr，使钢在室温下呈奥氏体状态。这类钢具有良好的塑性、韧性、焊接性和耐蚀性能，在氧化性和还原性介质中耐蚀性均较好，用来制作耐酸设备，如耐蚀容器及设备衬里、输送管道、耐硝酸的设备零件等。奥氏体不锈钢一般采用固溶处理，即将钢加热至 1050～1150℃，然后水冷，以获得单相奥氏体组织。常用不锈钢的牌号、化学成分、热处理、力学性能及用途见表 8-2。

表 8-2 常用不锈钢的牌号、化学成分、热处理、力学性能及用途

类别	牌号	化学成分 w/%					热处理	力学性能			用途举例
		C	Si	Mn	Cr	其他		σ_b/MPa	δ_s/%	硬度 (HBS)	
马氏体型	3Cr13	0.26～ 0.40	≤1.00	≤1.00	12.00～ 14.00	Ni ≤0.60	淬火 920～ 980℃油 回火 600～ 750℃快冷	≥735	≥12	≥217	制作硬度较高的耐蚀耐磨刃具、量具、喷嘴、阀座、阀门、医疗器械等

续表

类别	牌号	化学成分 w/%					热处理	力学性能			用途举例
		C	Si	Mn	Cr	其他		σ_b/MPa	δ_s/%	硬度(HBS)	
铁素体型	1Cr17	≤0.12	≤0.75	≤1.00	16.00~18.00		退火 780~850℃空冷或缓冷	≥450	≥22	≤183	耐蚀性良好的通用不锈钢,用于建筑装潢、家用电器、家庭用具
奥氏体型	0Cr19Ni9	≤0.08	≤1.00	≤2.00	18.00~20.00	Ni:7.00~10.50	固溶处理 1050~1150℃快冷	≥520	≥40	≤187	应用最广,制作食品、化工、核能设备的零件

8.6.2　耐热钢

在航空、锅炉、汽轮机、动力机械、化工、石油、工业用炉等部门中,许多零件是在高温下使用的,要求钢具备高温抗氧化性和高温强度。

耐热钢按其正火组织可分为奥氏体钢、马氏体钢及铁素体钢等。奥氏体耐热钢通常合金元素的质量分数很高,常用的有 1Cr18Ni9Ti、3Cr18Mn12Si2N 等。这类钢的高温强度较高,而且随 Ni 的质量分数的增加而增加。

马氏体耐热钢有两类。一类是铬钢,常用钢号有 1Cr13、1Cr11MoV 等,它们用于制造使用温度低于 580℃的汽轮机、燃气轮机及增压器叶片。另一类是铬硅钢,常用钢号有 4Cr9Si2 等,这类钢又称气阀钢,主要用于制造使用温度低于 750℃的发动机排气阀,也可用以制造使用温度低于 900℃的加热炉构件。

铁素体耐热钢 Cr 的质量分数较高,这类钢的特点是抗氧化性强,而高温强度较低,多用于受力不大的加热炉构件。常用钢号有 00Cr12、2Cr25N 等。常用耐热钢的牌号、化学成分、热处理、力学性能及用途见表 8-3。

表 8-3　常用耐热钢的牌号、化学成分、热处理、力学性能及用途

类别	牌号	化学成分 w/%						热处理	力学性能			用途举例
		C	Mn	Si	Ni	Cr	其他		σ_b/MPa	δ_s/%	硬度(HBS)	
奥氏体型	1Cr18Ni9Ti	≤0.12	≤2.00	≤1.00	8.00~11.0	17.0~19.0	Ti:0.50~0.80	固溶处理 1000~1100℃快冷	≥520	≥40	≤187	良好的耐热性和抗蚀性。制作加热炉管、燃烧室筒体、退火炉罩等
马氏体型	4Cr9Si2	0.35~0.50	≤0.70	2.00~3.00	≤0.60	8.00~10.00		淬火 1020~1040℃油冷;700~780℃油冷	≥885	≥19		较高的热强性,制作<700℃内燃机进气阀或轻载荷发动机排气阀
铁素体型	00Cr12	≤0.03	≤1.00	≤0.75		11.0~13.0			≥365	22	≥183	制作抗高温氧化,且要求焊接的部件,如汽车排气阀净化装置、燃烧室、喷嘴

【小结】　本章主要介绍了工具钢、硬质合金及不锈钢的性能及应用等内容。学习之后要求:第一,要了解工具钢的分类及编号;第二,熟悉硬质合金的牌号、性能及其成分及应用;第三,熟悉特殊性能钢的牌号、性能、成分、热处理及用途等相关内容。

习　题

1. 名词解释

（1）热硬性　（2）硬质合金　（3）不锈钢　（4）模具钢

2. 简答题

（1）硬质合金的性能特点有哪些？

（2）高速钢中的合金元素，如 Cr、W、Mo、V、Co 在钢中各起什么作用？

（3）热作模具钢的主要性能要求是什么？

（4）YG、YT、YW 三类硬质合金的性能和用途有何不同？

第 9 章　有色金属材料

【学习目标】

(1) 了解常用非铁金属及合金的牌号、性能特点和应用范围；

(2) 熟悉铝及其合金、铜及其合金、轴承合金、镁及其合金、锌及其合金的分类、性能、用途；

(3) 掌握铝及其合金、铜及其合金、轴承合金、镁及其合金、锌及其合金的牌号和代号；

(4) 了解非铁合金的主要热处理方法和强化方法。

9.1　概述

金属通常可分为黑色金属和有色金属两大类。钢、铸铁、铬、锰属于黑色金属，除此之外的一切金属，如 Al、Mg、Cu、Zn、Sn、Pn 等金属及其合金统称为有色金属或非铁金属。有色金属种类繁多，根据相对密度及金属元素在地壳中的含量，可大致归纳为以下四大类。

(1) 有色轻金属　相对密度小于 3.5 的有色金属称为有色轻金属或轻金属，如 Al、Mg、K、Na、Ca、Ba 等。

(2) 有色重金属　相对密度大于 3.5 的有色金属称为有色重金属，如 Cu、Pb、Zn、Ni、Co、Sn、Hg 等。

(3) 贵金属　相对密度大于 10 的、在地壳中含量极少，且有极强抗氧化性、耐蚀性的有色金属，如 Au、Ag、Pt(铂) 族金属统称贵金属。

(4) 稀有金属　一般是指那些在地壳中含量少、分布稀散、冶炼方法较复杂或研制使用较晚的一大类有色金属。根据其物理化学性质、原矿的共生关系、生产流程等又分为五类：即稀有轻金属 (Li、Be、Rb、Cs 等)；稀有难熔金属 (Ti、V、Nb、W、Mo、等)；稀土金属 (La、Ce、Pr、等 17 个元素)；稀散金属 (本身不形成独立矿物，以微量或少量存在于其他元素的矿物中，如硒 Se、碲 Te、锗 Ge、镓 Ga、铟 In 等) 和稀有放射性金属 (包括天然放射性元素，如钋 Po、镭 Ra、钍 Th、铀 U 等)。

许多有色金属都具有钢铁等黑色金属不可替代的特殊性能，它不仅是生产各种有色金属合金、耐热、耐蚀、耐磨等特殊钢以及合金结构钢所必需的合金元素，而且是现代工业，尤其是航空、航天、航海、汽车、石化、电力、核能以及计算机等工业部门赖以发展的重要战略物资和工程材料。

9.2　铝及其合金

铝及铝合金与其他金属材料相比，具有以下一些特点。

(1) 密度小、比强度高

纯铝的密度为 $2.7g/cm^3$，仅为铁的 1/3。铝合金的密度与纯铝相近。强化后的铝合金强度与低合金高强钢的强度相近，且其比强度比一般高强钢高得多。

（2）有优良的物理、化学性能

铝的导电性好，仅次于银、铜和金，在室温时的电导率约为铜的 64%。

铝及铝合金有相当好的抗大气腐蚀能力，铝及铝合金磁化率极低，接近于非铁磁性材料。

（3）加工性能良好

铝及铝合金（退火状态）的塑性很好，可以冷成形，切削性能也很好。超高强铝合金成形后可通过热处理获得很高的强度。铸铝铝合金的铸造性能极好。

（4）耐蚀性好

铝的表面易自然生成一层致密牢固的 Al_2O_3 保护膜，能很好地保护基体不受腐蚀。通过人工阳极氧化和着色，可获得具有良好铸造性能的铸造铝合金或加工塑性好的变形铝合金。

由于上述优点，铝及铝合金在电气工程、航空及宇航工业、一般机械和轻工业中都有广泛的用途。

9.2.1　纯铝

（1）纯铝的性能

铝含量不低于 99.00% 时为纯铝。纯铝是银白色的轻金属，其密度小（$2.7 \times 10^3 kg/m^3$），约为铁的 1/3；铝的熔点低（660℃），结晶后具有面心立方晶格，无同素异构转变现象，其热处理机理与钢不同；铝有良好的导电和导热性能，仅次于银和铜，室温下导电能力约为铜的 60%～64%；铝和氧的亲和力强，容易在其表面形成致密的 Al_2O_3 薄膜，该薄膜能有效地防止金属的继续氧化，故纯铝在非工业污染的大气中有良好的耐腐蚀性，但其不耐碱、酸、盐等介质的腐蚀；纯铝的塑性好（$\psi \approx 80\%$），但强度低（$\sigma_b \approx 80 \sim 100 N/mm^2$），用热处理不能强化，合金化和冷变形是其提高强度的主要手段，经冷变形强化后，其强度可提高到 $150 \sim 250 N/mm^2$，而塑性则下降为原来的 50%～60%。

（2）纯铝的牌号及应用

根据 GB/T 16474—1996《变形铝及铝合金牌号表示方法》的规定，纯铝牌号用 $1 \times \times \times$ 四位数字、字符组合系列表示，牌号的最后两位数字表示最低铝百分含量。当最低铝百分含量精确到 0.01% 时，牌号的最后两位数字就是最低铝百分含量中小数点后面的两位。例如，1A99(原 LG5)，其 $w_{Al} = 99.99\%$；1A97(原 LG4)，其 $w_{Al} = 99.97\%$；1A93(LG3)，其 $w_{Al} = 99.93\%$ 等。

工业纯铝主要用于熔炼铝合金，制造电线、电缆、电器元件、换热器件，以及要求制作质轻、导热、导电、耐大气腐蚀但强度要求不高的机电构件等。

9.2.2　铝合金

铝合金是以铝为基础，加入一种或几种其他元素（如铜、镁、硅、锰、锌等）构成的合金。在生产实践中，人们发现向纯铝中加入适量的铜、镁、硅、锰、锌等合金元素，则可得到具有较高强度的铝合金。若再经过冷加工或热处理，其抗拉强度可进一步提高到 $500 N/mm^2$ 以上。而且铝合金的比强度（抗拉强度与密度的比值）高，有良好的耐腐蚀性和可加工性，因此，在航空和航天工业中得到广泛应用。

根据铝合金的相图（见图 9-1），可将其分为变形铝合金和铸造铝合金两类。相图中的

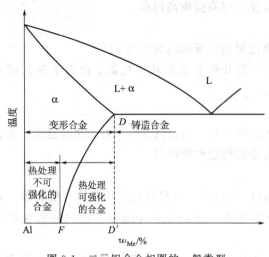

图 9-1　二元铝合金相图的一般类型

DF 线是合金元素在 α 固溶体中的溶解度变化曲线，D 点是合金元素在 α 固溶体中的最大溶解度。合金元素含量低于 D 点成分的合金，当加热到 DF 线以上时，能形成单相固溶体（α）组织，因而其塑性较高，适于压力加工，故称为变形铝合金。其中合金元素含量在 F 点以左的合金，由于其固溶体成分不随温度而变化，不能进行热处理强化，称为热处理不能强化铝合金。而成分在 F 点以右的铝合金（包括铸铝合金），其固溶体成分随温度变化而沿 DF 线变化，可以用热处理方法使合金强化，称为热处理能强化铝合金。合金元素含量超过 D 点成分的合金，具有共晶组织，适合于铸造加工，不适于压力加工，故称为铸造铝合金。

（1）变形铝合金

这类铝合金一般由冶金厂加工成各种规格的型材（板、带、管、线等）供应给用户。

在旧标准 GB 3190—1982 中规定变形铝合金的代号用"L＋代号＋数字"表示。L 是"铝"字汉语拼音字首，其后的代号表示变形铝合金的类别，如 F 表示防锈铝，Y 表示硬铝，C 表示超硬铝，D 表示锻铝。数字表示合金的顺序号。例如，LC4 表示 4 号超硬铝合金。

在 GB/T 16474 中，规定铝合金牌号直接引用国际四位数字体系牌号或采用四位字符体系牌号。各类铝合金的主要特性、用途及新旧牌号对照见表 9-1。

表 9-1　变形铝合金的主要特性、用途及新旧牌号对照

类别	旧牌号	新牌号	主要特征	用途举例
防锈铝	LF2	5A02	热处理不能强化，强度不高，塑性与耐腐蚀性好，焊接性好	在液体介质中工作的零件，如油箱、油管、液体容器、防锈蒙皮等
	LF21	3A21		
硬铝	LY12	2A12	可热处理强化，力学性能良好，但耐腐蚀性不高	中等强度的零件和构件，如飞机上骨架零件、蒙皮、铆钉
超硬铝	LC4	7A04	室温强度高，塑性较低，耐腐蚀性不高	高载荷零件，如飞机上的大梁、桁条、加强框、起落架
锻铝	LD5	2A50	高强度锻铝，锻造性能好，耐腐蚀性不高，压力加工性能好	形状复杂和中等强度的锻件、冲压件
	LD7	2A70	耐热锻铝，热强性较高，耐腐蚀性不高，压力加工性能好	内燃机活塞、叶轮，在高温下工作的复杂锻件

常见的变形铝合金有以下四类。

① 防锈铝合金　属于热处理不能强化的变形铝合金，一般只能通过冷压力加工提高其强度，主要是 Al-Mn 系和 Al-Mg 系合金。具有适中的强度、优良的塑性及良好的焊接性能，具有比纯铝更好的耐腐蚀性和强度，故称防锈铝合金。防锈铝合金主要用于制造要求具有高耐腐蚀性的油罐、油箱、导管、生活用器皿、窗框、车辆、铆钉及防锈蒙皮等。

② 硬铝合金　属于 Al-Cu-Mg 系合金。这类铝合金经固溶和时效处理后能获得相当高

的强度，故称硬铝。硬铝的耐腐蚀性比纯铝差，尤其是耐海洋大气腐蚀的性能较低，所以有些硬铝的板材常在其表面包覆一层纯铝后使用。硬铝合金主要用途是作中等强度的构件和零件，如铆钉、螺栓，航空工业中的一般受力结构件（如飞机翼肋、翼梁等）。

③ 超硬铝合金 属于 Al-Cu-Mg-Zn 系合金。这类铝合金是在硬铝的基础上再添加锌元素而成的，其强度高于硬铝，但耐腐蚀性较差。超硬铝经固溶和人工时效后，可以获得在室温条件下强度最高的铝合金，主要用作受力大的重要构件及高载荷零件，如飞机大梁、桁架、翼肋、活塞、加强框、起落架、螺旋桨叶片等。

④ 锻铝合金 大多属于 Al-Cu-Mg-Si 系合金。力学性能与硬铝相近，但由于热塑性较好，因此，适于采用压力加工，如锻压、冲压等，可用来制造各种形状复杂的零件或制成棒料。

（2）铸造铝合金

铸造铝合金是指以铝为基的铸造合金。铸造铝合金与变形铝合金相比，一般含有较高的合金元素，具有良好的铸造性能，但塑性与韧性较低，不能进行压力加工。按其所加合金元素的不同，铸造铝合金主要有：Al-Si 系；Al-Cu 系；Al-Mg 系；Al-Zn 系合金等。

铸造铝合金代号用"铸铝"二字的汉语拼音字母"ZL"与三位数字表示。第一位数字表示合金的类别："1"表示 Al-Si 系；"2"表示 Al-Cu 系；"3"表示 Al-Mg 系；"4"表示 Al-Zn 系。第二、三位数字表示合金的顺序号，例如，ZL201 表示 1 号铸造铝铜合金。

铸造铝合金牌号由铝和主要合金元素的化学符号，以及表示主要合金元素名义质量百分含量的数字组成，并在其牌号前面冠以"铸"字的汉语拼音字首"Z"。例如 ZAlSi12，表示 $w_{Si}=12\%$ 的铸造铝合金。常用铸造铝合金的力学性能和特点见表 9-2。

表 9-2 部分铸造铝合金的牌号、代号、力学性能和特点

类 别		合 金 牌 号	合 金 代 号	力 学 性 能					特点
				铸造方法	热处理	σ_b/MPa	δ_s/%	硬度（HBW）	
铝硅合金	简单铝硅合金	ZAlSi12	ZL102	J	F	155	2	50	铸造性能好,力学性能较低
	特殊铝硅合金	ZAlSi7Mg	ZL101	J	T5	205	2	60	良好的铸造性能和力学性能
		ZAlSi7Cu	ZL107	J	T6	275	2.5	100	
铝铜合金		ZAlCu5Mn	ZL201	S	T4	295	8	70	耐热性好,铸造性能及耐腐蚀性较低
铝镁合金		ZAlMg10	ZL301	S	T4	280	10	60	力学性能和耐腐蚀性能较高
铝锌合金		ZAlZn11Si7	ZL401	J	T1	244	1.5	90	力学性能较高,适宜压力加工

注：1. 铸造方法符号为：J—金属型铸造；S—砂型铸造。

2. 热处理：F—铸态；T1—人工时效；T4—固溶加自然时效；T5—固溶加不完全人工时效；T6—固溶加完全人工时效。

① Al-Si 系 由铝、硅两种元素组成的铝合金称为简单硅铝合金；除铝硅外再加入其他元素的铝合金称为特殊硅铝合金。简单硅铝合金为热处理不能强化的铝合金，故强度不高。特殊硅铝明因加入铜、镁、锰等元素可使合金得到强化，并可通过热处理进一步提高其力学性能。铝硅合金有良好的铸造性能，可用来制作内燃机活塞、气缸体、气缸头、气缸套、风

扇叶片、形状复杂的薄壁零件，以及电机、仪表的外壳，油泵壳体等。

② Al-Cu 系　铝铜合金强度较高，加入镍、锰可提高其耐热性，可用于制作高强度或高温条件下工作的零件，如内燃机气缸、活塞、支臂等。

③ Al-Mg 系　铝镁合金有良好的耐腐蚀性，可用于制作在腐蚀介质条件下工作的铸件，如氨用泵体、泵盖及舰船配件等。

④ Al-Zn 系　铝锌合金有较高强度，价格便宜，用于制造医疗器械、仪表零件、飞机零件和日用品等。

铸造铝合金可采用变质处理细化晶粒。即在液态合金液中加入氟化钠和氯化钠的混合盐（2/3NaF＋1/3NaCl），加入量为合金质量的 $1\%\sim3\%$。这些盐和液态铝合金相互作用，因变质作用细化晶粒，从而提高铝合金的力学性能，使抗拉强度提高 $30\%\sim40\%$，伸长率提高 $1\%\sim2\%$。

9.2.3　铝合金的热处理

（1）热处理特点

铝合金的热处理机理与钢不同。一般钢经淬火后，硬度和强度立即提高，塑性下降。铝合金则不同，能热处理强化的铝合金，淬火后硬度和强度不能立即提高，而塑性与韧性却显著提高。但在室温放置一段时间后，硬度和强度才显著提高，塑性和韧性则明显下降，如图 9-2 所示。这种淬火后合金的性能随时间而发生显著变化的现象，称为"时效"或"时效硬化"。这是因为铝合金淬火后，获得的过饱和固溶体是不稳定的组织，有析出第二相金属化合物的趋势。时效分为自然时效和人工时效两种。铝合金工件经固溶处理后，在室温下进行的时效称为"自然时效"；在加热条件（一般 $100\sim200℃$）下进行的时效称为"人工时效"。

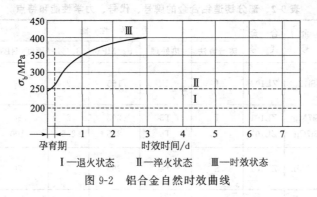

Ⅰ—退火状态　　Ⅱ—淬火状态　　Ⅲ—时效状态

图 9-2　铝合金自然时效曲线

（2）热处理方法

铝合金常用的热处理方法有：退火、淬火加时效等。退火可消除加工硬化，恢复塑性变形能力；消除铸件的内应力和成分偏析。淬火也称"固溶处理"，目的是获得均匀的过饱和固溶体，时效处理是使淬火铝合金达到最高的强度，淬火加时效是强化铝合金的主要途径之一。

9.3　铜及其合金

9.3.1　纯铜

工业用纯铜，含铜量 w_{Cu} 高于 99.5%，通常呈紫红色。纯铜具有优良的导电、导热、耐蚀和焊接性能，又有一定的强度，广泛用于导电、导热和耐蚀器件。

工业纯铜牌号有 T1、T2、T3 和 T4 四种。序号越大，纯度越低。无氧铜含氧量 w_{O_2} 低于 0.003%，牌号有 Tu1、Tu2 等，主要用于电真空器件。

微量的杂质元素对铜的力学性能和物理性能影响很大。磷、硅、砷等显著降低纯铜的导电性；铅、铋与铜形成低熔点的共晶体（Cu+Pb）或（Cu+Bi），共晶温度分别为 326℃ 和 270℃，共晶体分布在晶界上，在进行压力加工时（820~860℃），晶界熔化，使工件开裂产生"热脆性"；氧和硫能与铜形成脆性化合物 Cu_2O、Cu_2S，使铜的塑性降低，冷加工时易开裂，称为"冷脆性"。

9.3.2 铜合金

纯铜的强度低，不适于制作结构件，为此常加入适量的合金元素制成铜合金。铜合金按加入的合金元素，可分为黄铜、青铜和白铜。在机械生产中普遍使用的铜合金是黄铜和青铜。

（1）黄铜

黄铜是以锌为主加合金元素的铜合金，因呈金黄色故称黄铜。按其化学成的不同，分为普通黄铜和特殊黄铜两种。

① 普通黄铜　以锌和铜组成的合金叫普通黄铜。普通黄铜的牌号由"H"（"黄"的汉语拼音字首）加数字（表示铜的平均含量）组成，如 H68 表示 w_{Cu} 68%，其余为锌。

锌加入铜中不但能使强度增高，也能使塑性增高。当 w_{Zn} 增加到 30%~32% 时，塑性最高。当 w_{Zn} 增至 40%~42% 时，塑性下降而强度最高。这是由于合金组织中出现了以化合物 CuZn 为基体的固溶体（称为 β 相）所造成的。当 w_{Zn} 超过 45% 以后，组织全部为 β 相，黄铜的强度急剧下降，塑性太差，已无使用价值。

普通黄铜的力学性能、工艺性和耐蚀性都较好，应用较为广泛。较典型牌号为 H96，主要用于制造冷凝器、散热片及冷冲、冷挤零件等。

② 特殊黄铜　在普通黄铜的基础上加入其他合金元素的铜合金，称为特殊黄铜。特殊黄铜的牌号仍以"H"为首，后跟添加元素的化学符号及数字，依次表示含铜量和加入元素的含量。铸造用黄铜的牌号前面还加"Z"字。例如 HPb59-1 表示加入铅的特殊黄铜，其 w_{Cu} 为 59%，w_{Pb} 为 1%。

常加入的合金元素有铝、锰、锡、铁、镍、硅等。这些元素的加入都能提高黄铜的强度，其中铝、锰、锡、镍还能提高黄铜的抗蚀性和耐磨性。

特殊黄铜可分为压力加工和铸造用的两种，前者加入合金元素较少，使之能溶入固溶体中，以保证较高的塑性，后者不要求高的塑性，为了提高强度和铸造性能，可以加入较多的合金元素。

特殊黄铜的典型牌号是 HP59-1，主要用于制造各种结构零件，如销、螺钉、螺母、衬套、热圈等。

（2）青铜

青铜原指铜锡合金，又叫锡青铜。但目前已将含铝、硅、铍、锰等的铜合金都包括在青铜内，统称为无锡青铜。

① 锡青铜　以锡为主加元素的铜合金称锡青铜。按生产方法，锡青铜分为压力加工锡青铜和铸造锡青铜两类。

　　压力加工锡青铜含锡量 w_{Sn} 一般小于 10%，适宜于冷热压力加工。这类合金经形变强化后，强度、硬度提高，但塑性有所下降。其典型牌号是 ZCuSn5Pb5Zn5，主要用于仪表上耐磨、耐蚀零件，弹性零件及滑动轴承、轴套等。

　　铸造锡青铜 w_{Sn} 为 $10\%\sim14\%$，在这个成分范围内的合金，结晶凝固后体积收缩很小（$<1\%$），有利于获得尺寸接近铸型的铸件。但由于其结晶温度范围宽，合金流动性差，易形成疏松，铸件致密性差，再加上结晶时偏析严重而强度降低。故锡青铜只宜于用来生产强度和密封性要求不高，但形状复杂的铸件。其典型牌号是 ZCuSn10Zn2，主要用于制造阀、泵壳、齿轮、蜗轮等零件。

　　② 无锡青铜　　无锡青铜是指不含锡的青铜，常用的有铝青铜、铍青铜、铅青铜、锰青铜、硅青铜等。

　　铝青铜是无锡青铜中用途最广泛的一种，其强度高、耐磨性好，且具有受冲击时不产生火花的特性。铸造时，由于流动性好，可获得致密的铸件。铝青铜典型牌号是 ZCuAl9Mn2，常用来制造齿轮、摩擦片、蜗轮等要求高强度、高耐磨性的零件。

9.4　钛及其合金

　　钛在地球中的储藏量位于铝、铁、镁之后居第四位。钛及其合金已成为航空、航天、冶金、造船及化学工业重要的结构材料。

　　钛的十大性能：密度小，比强度高；弹性模量低；导热系数小；抗拉强度与其屈服强度接近；无磁性、无毒；抗阻尼性能强；耐热性能好；耐低温性能好；吸气性能；耐腐蚀性能。

　　钛的三大功能：记忆功能；超导功能；贮氢功能。

9.4.1　纯钛

　　纯钛呈银白色，熔点为 1668°C，相对密度为 4.5g/cm^3，导热性能差。钛的突出优点是比强度高，耐热性好，抗蚀性能优异。优良的耐蚀性表现在大气、海水、氧化性酸和大多数有机酸中，钛的抗蚀性能超过不锈钢。但它不耐热强碱、氢氟酸以及还原性酸（硫酸、盐酸等）的腐蚀。

　　工业纯钛中会含有少量的氧、氮、碳等杂质，杂质的存在提高了纯钛的强度，却使其塑性急剧下降，主要用于热交换器、管道、反应器和一些在 350°C 以下工作的受力小的零件和冲压件。

　　工业纯钛的牌号用"TA"加上数字顺序号，如 TA1、TA2、TA3。A 表示其退火组织为单相 α 组织；数字为顺序号，值越大表示其杂质的质量分数越高。

9.4.2　钛合金

　　钛合金按退火态组织一般分为 α、β、α＋β 三类，并分别称之为 α 钛合金、β 钛合金和 α＋β 钛合金。常用的钛合金的热处理方法有退火、淬火加时效和化学热处理等。

　　（1）α 钛合金

　　其合金的稳定性好，在 $300\sim550^{\circ}\text{C}$ 具有优良的耐热性及抗氧化性，焊接性能好。但常温强度较低，不能进行热处理强化，只能通过冷变形强化。

　　其合金牌号仍用"TA"加顺序号表示，从 TA4～TA8。钛合金主要用来制作超音速飞机的涡轮机匣以及使用温度不超过 500℃ 的其他部件。

（2）β 钛合金

β 钛合金具有良好的塑性，易于冲压加工成形。焊接性能好，但热稳定性较差。其合金都要经过固溶处理，淬火时效后具有很高的强度。

其牌号用"TB"加顺序号表示，B 表示室温下合金的组织为单相 β 组织。它主要用于压气机叶片、轴等重载荷的旋转件及构件等。

（3）α＋β 钛合金

它兼有 α 钛合金和 β 钛合金两者的优点，耐热强度和工业塑性均较好，且可热处理强化。该类合金生产工艺较简单。可通过调整成分和选择不同的处理方法，在很宽的范围内改变合金的性能，故应用广泛。但其组织不够稳定，焊接性能不如 α 钛合金。

其牌号用"TC"顺序号表示，C 表示室温下合金的组织为（α＋β）两相组织。

TC4(Ti-6Al-4V) 合金是现今应用最多、最广的一种钛合金，经热处理后具有良好的综合力学性能，强度较高，塑性良好。对要求较高强度的零件可进行淬火加时效处理。该合金在 400℃ 时有稳定的组织和较高的蠕变抗力，又有很好的抗海水和抗热盐应力腐蚀的能力，故广泛用于制作在 400℃ 长期工作的零件，如飞机压气机盘、航空发动机叶片、火箭发动机外壳及其他结构锻件和紧固件。

9.4.3　钛合金的热处理

钛合金的热处理与钢的热处理相似，主要有以下两种方式。

（1）退火　退火有去应力退火和高温退火。

① 去应力退火　去应力退火一般在再结晶温度以下进行，以消除机械加工以及焊接所引起的内应力。大多数钛合金的去应力退火温度为 450～650℃，焊接件保温 2～12h 后空冷，机加工件保温 1.5～2h 后空冷。

② 高温退火　高温退火在再结晶温度以上进行，以消除加工硬化和稳定组织。钛合金的高温退火温度为 650～850℃，冷却速度决定于钛合金的种类。

（2）淬火和时效

钛合金在高温 β 相区淬火，可获得马氏体，经时效处理后可显著提高合金的强度，降低塑性。钛合金的时效温度为 450～600℃，主要适用于 β 钛合金。钛合金也可以进行氮化、渗碳等处理，以提高合金零件的耐磨性和疲劳强度。

9.5　滑动轴承合金

滑动轴承一般由轴承体和轴瓦构成，轴瓦直接支承转动轴。与滚动轴承相比，由于滑动轴承具有制造、修理和更换方便，与轴颈接触面积大，承受载荷均匀，工作平稳，无噪声等优点，广泛应用于机床、汽车发动机、各类连杠、大型电机等动力设备上。

为了确保轴的磨损量最小，需要在轴承内侧浇铸或轧制一层耐磨和减摩的滑动轴承合金，形成均匀的内衬。滑动轴承合金具有良好的耐磨性和减摩性，是用于制造滑动轴承的铸造合金。

9.5.1　对轴承合金性能的要求

滑动轴承由轴承体和轴瓦组成，轴瓦直接与轴颈相接触。在转动中轴瓦和轴之间存在不可避免的磨损，而轴是机器上重要的部件，更换比较困难，所以应尽量使轴的磨损最小，延长其使用寿命，让轴瓦成为被磨损件。因此，轴瓦材料应满足以下要求。

① 具有足够的强度、塑性、韧性和一定的耐磨性，以抵抗冲击和振动。

② 具有较低的硬度，以免轴的磨损量加大。

③ 具有较小的摩擦因数和良好的磨合性（指轴和轴瓦在运转时互相配合的性能），并能在磨合面上保存润滑油，以保持轴和轴瓦之间处于正常的润滑状态。

④ 具有良好的热导性与耐腐蚀性。既能保证轴瓦在高温下不软化或熔化，又能抗润滑油腐蚀。

⑤ 抗咬合性好。即在摩擦条件不好时，轴瓦材料不会与轴粘合或焊合。

⑥ 具有良好的工艺性，易于铸造成形，易于和瓦底焊合。

⑦ 成本低廉。

9.5.2　滑动轴承的性能和组织

滑动轴承中轴瓦与内衬直接与轴颈配合使用，相互间有摩擦，而且还要承受交变载荷和冲击载荷的作用。由于轴是机器上的重要零件，其制造工艺复杂，成本高，更换困难，为确保轴受到最小的磨损，轴瓦的硬度应比轴颈低得多，必要时可更换被磨损的轴瓦而继续使用轴。

性能：足够的抗压强度和抗疲劳性能；良好的减摩性（摩擦系数要小）；良好的储备润滑油的功能；良好的磨合性；良好的导热性和耐蚀性；良好的工艺性能，使之制造容易，价格便宜。

一种材料无法同时满足上述性能要求，可将滑动轴承合金用铸造的方法镶铸在 08 钢的轴瓦上，制成双金属轴承。

组织：轴承合金应具备软硬兼备的理想组织，如图 9-3 所示。

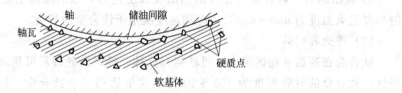

图 9-3　轴承合金的理想组织示意图

① 软基体和均匀分布的硬质点。

② 硬基体上分布着软质点。轴承在工作时，软的组织首先被磨损下凹，可储存润滑油，形成连续分布的油膜，硬的组成部分则起着支承轴颈的作用。这样，轴承与轴颈的实际接触面积大大减少，使轴承的摩擦减少。

9.5.3　常用滑动轴承合金

（1）锡基与铅基轴承合金（又称巴氏合金）

锡基轴承合金的表示方法与其他铸造非铁金属的牌号表示方法相同，例如 ZSnSb4Cu4 表示含锑的平均质量分数为 4%、含铜的平均质量分数为 4% 的锡基轴承合金。巴氏合金的价格较贵，且力学性能较低，通常是采用铸造的方法将其镶嵌在钢（08 钢）的轴瓦上形成双金属轴承使用。常用轴承合金的牌号、成分及用途参见表 9-3。

表 9-3 常用轴承合金的牌号、成分及用途

类别	合金牌号	主要化学成分				硬度(HBS)(>或=)	用途举例
		Sb	Cu	Pb	Sn		
铅基轴承合金	ZPbSb16Sn16Cu2	15.0~17.0	1.5~2.0	余量	15.0~17.0	30	工作温度<120℃,无显著冲击载荷,重载高速的轴承,如汽车拖拉机曲柄轴承,750kW 以内的电动机轴承
	ZPbSb15Sn10	14.0~16.0	0.7	余量	9.0~7.0	24	中等载荷、中速、冲击载荷的机械轴承。如汽车、拖拉机的曲柄轴承、连杆轴承。也适用于高温轴承
锡基轴承合金	ZSnSb8Cu4	7.0~8.0	3.0~4.0	0.35	余量	24	用于一般大机器轴承及衬套
	ZSnSb12Pb10Cu4	7.0~13.0	2.5~5.0	9.0~11.0	余量	29	适用于中等速度和受压的机器主轴衬,但不适用于高温部分
	ZSnSb11Cu6	10.0~12.0	5.5~6.5	0.35	余量	27	适用于 1471kW 以上高速蒸汽机和 368kW 涡轮压缩机、涡轮泵及高速内燃机等

① 锡基轴承合金 锡基轴承合金是以锡为基体,加入锑、铜等元素组成的合金。其优点是具有良好的塑性、导热性和耐蚀性,而且摩擦系数和线胀系数小,适合于制作重要轴承,如汽轮机、发动机和压气机等大型机器的高速轴瓦。缺点是疲劳强度低,工作温度较低(不高于150℃),这种轴承合金价格较贵。

② 铅基轴承合金 铅基轴承合金是以铅为基体,加入锑、锡、铜等合金元素组成的合金。铅基轴承合金的强度、硬度、导热性和耐蚀性均比锡基轴承合金低,而且摩擦系数较大,但价格便宜。适合于制造中、低载荷的轴瓦,如汽车、拖拉机曲轴轴承、铁路车辆轴承等。

(2) 铜基轴承合金

铜基轴承合金通常有锡青铜与铅青铜。

铜基轴承合金具有高的疲劳强度和承载能力,优良的耐磨性,良好的导热性,摩擦系数低,能在250℃以下正常工作。适合于制造高速、重载下工作的轴承,如高速柴油机、航空发动机轴承等。常用牌号是 ZCuSn10P1、ZCuPb30。

(3) 铝基轴承合金

铝基轴承合金是以铝为基体,加入锡或锑等元素组成的合金。这种合金的优点是导热性、耐蚀性、疲劳强度和高温强度均高,而且价格便宜。缺点是膨胀系数较大,抗咬合性差。目前以高锡铝基轴承合金应用最广泛。适合于制造高速(>13m/s)、重载(>3200MPa)的发动机轴承。常用牌号为 ZAlSn6Cu1Ni1。

【小结】 本章主要介绍了非铁金属材料的分类、性能和应用等内容。在学习之后:第一,要了解各非铁金属材料的分类、性能特点和应用,并与钢铁材料进行对比;第二,要了解部分非铁金属材料的强化手段和热处理特点,分析其与钢铁材料的不同之处。

习 题

1. 名词解释

(1) 贵金属 (2) 黄铜 (3) 青铜 (4) 滑动轴承合金 (5) 普通黄铜 (6) 特殊黄铜

2. 选择题

(1) 将相应牌号填入括号内：

硬铝（　　）；防锈铝合金（　　）；超硬铝（　　）；铸造铝合金（　　）；铅黄铜
（　　）；铝青铜（　　）

A. HPb59-1　　B. 3A21　　C. 2A12　　D. ZA1Si7Mg　　E. 7A04　　F. QA19-4

(2) 5A02 按工艺特点分，是（　　）铝合金，属于热处理（　　）的铝合金。

A. 铸造　　　　B. 变形　　C. 能强化　　D. 不能强化

(3) 某一材料的牌号为 T3，它是（　　）。

A. 碳的质量分数为 3% 的碳素工具钢　　　B. 3 号加工铜　　C. 3 号工业纯钛

(4) 某一材料牌号为 QTi35，它是（　　）。

A. 钛青铜　　　　B. 球墨铸铁　　C. 钛合金

(5) 将相应牌号填入括号内：

普通黄铜（　　）；特殊黄铜（　　）；锡青铜（　　）；硅青铜（　　）。

A. H70　　　　B. QSn4-3　　C. QSi3-1　　D. HA177-2

3. 判断题

(1) α 型钛合金不能热处理强化，而 α+β 型钛合金可以热处理强化。（　　）

(2) 特殊黄铜是不含锌元素的黄铜。（　　）

(3) 变形铝合金都不能用热处理强化。（　　）

(4) 工业纯铝中杂质含量越高，其导电性、耐腐蚀性及塑性越低。（　　）

4. 简答题

(1) 铝合金热处理强化的原理是什么？

(2) 滚动轴承合金应具备哪些性能？具备什么样的组织？

第 10 章 非金属材料及复合材料

【学习目标】

(1) 了解塑料、橡胶的组成与分类，常用工程塑料、合成橡胶的应用范围；

(2) 掌握塑料的性能特点及常用工程塑料的性能特性；

(3) 掌握合成橡胶性能特点及常用橡胶的性能特性；

(4) 了解陶瓷材料的组织结构及分类；

(5) 掌握陶瓷材料的性能特点；

(6) 了解复合材料的分类、命名；

(7) 掌握复合材料的定义、性能特点。

10.1 概述

非金属材料是指金属及其合金以外的一切材料总称。近几十年来，非金属材料在产品数量和品种方面都取得了快速增长，特别是人工合成高分子材料的发展非常迅速，其产量（体积）已远远超过钢产量（体积），而且随着高分子材料、陶瓷材料和复合材料的发展，非金属材料也越来越多地应用于工业、农业、国防和科学技术等领域，使非金属材料应用的领域不断扩大。目前在机械工程中广泛使用的非金属材料主要有工程塑料、合成橡胶、胶黏剂、工业陶瓷和复合材料等，它们已经成为机械工程制造中不可缺少的重要组成部分，也正在改变着人类长期以来以钢铁等金属为中心的时代。

机械工程中广泛使用的非金属材料主要有三类。

① 高分子材料。一般指由低分子通过聚合反应制成，如合成纤维、工程塑料（聚氯乙烯、聚苯乙烯等）、合成橡胶、胶黏剂、涂料等。

② 工业陶瓷。主要指特种陶瓷和金属陶瓷，如工业用陶瓷器件、玻璃、耐火材料等。

③ 复合材料。主要指树脂基、金属基和陶瓷基三类复合材料。

10.2 塑料和橡胶

10.2.1 塑料

塑料是指以树脂（天然、合成）为主要成分，再加入其他添加剂，在一定温度与压力下塑制成形的材料或制品的总称。由于塑料制品原料丰富，成形容易，制作成本较低，性能与功能具有多样性，因此，塑料加工业发展很快，广泛应用于电子工业、交通、航空工业、农业等部门。由于塑料性能的不断改进和更新，目前塑料正逐步替代部分金属、木材、水泥、皮革、陶瓷、玻璃及陶瓷等材料。

(1) 塑料的组成

① 树脂 树脂是指受热时有软化或熔融范围，在软化时受外力作用下有流动倾向的高

聚物，它是组成塑料的最基本成分，一般其质量分数为 30％～40％，它起着胶黏剂的作用，能将塑料的其他组分黏结成一个整体，故又称为黏料。树脂的种类、性质及加入量对塑料的性能起着很大的作用。因此，许多塑料就以所用树脂的名称来命名，如聚氯乙烯塑料就是以聚氯乙烯树脂为主要成分。目前采用的树脂主要是合成树脂或称高聚物，其性能与天然树脂相似，通常呈黏稠状的液体或固体。酚醛树脂是最早投入工业生产的合成树脂，它是由苯酚和甲醛缩聚而成。除酚醛树脂外，氨基树脂、环氧树脂、有机硅树脂等也都是经缩聚反应得到的树脂。聚乙烯、聚氯乙烯、聚苯乙烯等是通过加聚反应而得到的树脂，故也称加聚树脂。

有些合成树脂可直接用作塑料，如聚乙烯、聚苯乙烯、尼龙（聚酰胺）、聚碳酸酯等。有些合成树脂不能单独用作塑料，必须在其中加入一些添加剂后才能形成塑料，如酚醛树脂、氨基树脂、聚氯乙烯等。

② 增塑剂　增塑剂是用来提高树脂可塑性与柔软性的一种添加剂。合成树脂一般都具有一定的可塑性，但对大多数塑料制品来说，树脂本身所具有的可塑性不能满足塑料的成形和使用要求。为此，要在树脂中加入适量的增塑剂，增塑剂的加入量为 5％～20％（质量分数）。常用的增塑剂是高沸点的液体或低熔点的固体有机化合物，其中主要有邻苯二甲酸酯类、磷酸酯类和氧化石蜡等。

③ 稳定剂　稳定剂（又称防老化剂）是用来防止树脂在受热、光和氧气等作用时发生过早老化，延长塑料制品使用寿命所加入的某些物质。许多树脂在成形加工和使用过程中由于受热和光的作用，性能会变坏。加入少量（千分之几）稳定剂可以减缓性能变坏，延长其使用寿命。常用的稳定剂有抗氧化剂（如酚类和胺类等有机物）、抗紫外线吸收剂（如炭黑等）及热稳定剂等。

④ 填料　填料在许多塑料中占有相当的比重，一般占总量的 40％～70％（质量分数）。它的作用是弥补树脂某些性能的不足，以改善塑料的性能。常用的填料有提高机械强度的木屑、棉布、纸张、玻璃纤维等；有提高塑料硬度和耐磨性的金属氧化物（氧化铁等）；有提高耐热性的石棉粉；有提高绝缘性的云母；有可以制成磁性塑料的铁磁粉等。由于填料比合成树脂的价格低，所以加入填料后可降低塑料的制作成本。

⑤ 润滑剂　为防止塑料在成形过程中粘在模具或其他设备上而加入的物质叫润滑剂。加入润滑剂可以使制品表面光滑，常用的润滑剂有硬脂酸和硬脂酸盐。

⑥ 染料　为了使塑料制品具有美丽的色彩，需要在塑料中加入染料以满足使用要求。染料也称着色剂，一般分为有机染料和无机染料。透明的彩色塑料一般加入有机染料。

塑料的添加剂除上述几种外，还有发泡剂、防老化剂、抗静电剂、阻燃剂等，但并非每一种塑料都要加入所有的添加剂，而是根据塑料品种及使用要求选择所需的添加剂。

（2）塑料的分类

塑料的品种很多，工业上分类方法主要有以下两种。

① 按塑料的热性能分类　根据树脂在加热和冷却时所表现的性质，把塑料分为热塑性塑料和热固性塑料两类。

a. 热塑性塑料。热塑性塑料主要由聚合树脂加入少量稳定剂、润滑剂等制成。这类塑料受热软化，冷却后变硬，再次加热又软化，冷却后又硬化，可多次重复。它的变化只是一种物理变化，化学结构基本不变。常用的热塑性塑料有聚乙烯、聚氯乙烯、聚丙烯、聚酰胺（即尼龙）、ABS塑料、聚甲醛、聚碳酸酯、聚苯乙烯、聚四氟乙烯、聚砜等。

b. 热固性塑料。热固性塑料大多是以缩聚树脂为基础，加入各种添加剂而成。这类塑料加热时软化，可塑制成形，但固化后的塑料既不溶于溶剂，也不再受热软化，只能塑制一次。常用的热固性塑料有酚醛塑料、氨基塑料、环氧塑料等。

② 按塑料的应用范围分类　按塑料的应用范围可分为通用塑料、工程塑料和耐高温塑料。

a. 通用塑料。它主要是指产量大、用途广、价格低的一类塑料。主要包括六大品种：聚乙烯、聚氯乙烯、聚苯乙烯、聚丙烯、酚醛塑料和氨基塑料。这类塑料的产量占塑料总产量的 75% 以上，构成了塑料工业的主体，用于社会生活的各个方面。

b. 工程塑料。它是指在工程技术中作结构材料的塑料。这类塑料力学性能好。主要品种有聚碳酸酯、尼龙、聚甲醛和 ABS 塑料、聚砜等。

c. 耐高温塑料。这类塑料的特点是耐高温、产量小、价格贵，适用于特殊用途，如聚四氟乙烯、环氧塑料和有机硅塑料等都能在 $100\sim200℃$ 以上的温度范围内工作。耐高温塑料在发展国防工业和尖端技术中有着重要作用。

（3）塑料的特性

塑料与金属材料相比，塑料具有密度小、比强度高（抗拉强度除以相对密度）、化学稳定性好、电绝缘性好、减振、耐磨、隔音性能好、自润滑性好等特性。另外，绝热性、透光性以及生产率高、加工成本低等优点也是一般金属材料所不及的。

（4）塑料的成形加工

塑料的成形是将各种形态（粉状、粒状、液态、糊状等）的塑料制成具有一定形状和尺寸的制品的工艺过程。成形的塑料制品大都可以直接使用。一些要求表面光洁、精度高的塑料零件在成形后还需进行切削加工等，如机械加工、连接、喷涂、电镀等，以达到某些特殊要求的工艺过程。

塑料的成形工艺简便，形式多样。对于一个具体的塑料制品的成形，要根据其使用要求、形状、原材料种类和生产批量来决定。常用的成形方法有注射成形、压制成形、浇铸成形、挤出成形和吹塑成形等。其中注射成形、挤出成形和吹塑成形主要用于热塑性塑料制品的成形；而压制成形是热固性塑料制品的主要成形方法；浇铸成形对于热塑性和热固性塑料制品都适用。

（5）常用工程塑料的特点及应用简介

① 聚乙烯（PE）　聚乙烯是热塑性塑料，也是目前世界上塑料工业产量最大的品种。其特点是具有优良的耐腐蚀性和电绝缘性。聚乙烯主要用于制造薄膜、电线电缆的绝缘材料及管道、中空制品等。

② 聚酰胺塑料（PA）　聚酰胺塑料亦称尼龙，是最先发现的能承受载荷的热塑性塑料，也是目前机械工业中应用较广泛的一种工程塑料。其特点是在常温下具有较高的抗拉强度，良好的冲击韧性，并且具有耐磨、耐疲劳、耐油、耐水等综合性能，但吸湿性大，在日光曝晒下或浸在热水中都易引起老化。适用于制作一般机械零件，如轴承齿轮、凸轮轴、蜗轮、管子、泵及阀门零件等。

③ 聚甲醛（POM）　聚甲醛是热塑性塑料，是继尼龙之后发展的产品，具有优异的综合性能。其强度、刚度、硬度、耐磨性、耐冲击性是其他塑料不能相比的。聚甲醛还具有吸水性较小，可在 $104℃$ 下长期使用，制件尺寸稳定等优点。但也存在热稳定性较差，

遇火易燃，长期在大气中曝晒易老化等缺点。聚甲醛广泛用于制造汽车、机械、仪表、农机、化工等机械设备的零部件，如齿轮、叶轮、轴承、仪表外壳、阀、汽化器、线圈骨架等。

④ 聚碳酸酯（PC） 聚碳酸酯是热塑性塑料，常被人们誉为"透明金属"，其透明度达86%～92%。这种塑料的发展史较短，但是它的力学性能、耐热性、耐寒性、电性能等良好，尤其冲击韧性特别突出，在一般热塑性塑料中是最优良的。其缺点是耐候性不够理想，长期曝晒容易出现裂纹。

聚碳酸酯的用途十分广泛，由于其强度高、刚性好、耐磨、耐冲击、尺寸稳定性好，可用作轴承、齿轮、蜗轮、蜗杆等传动零件的材料；在电气电讯方面，可制作要求高绝缘的零件，如垫圈、垫片、电容器等；另外，它在航空工业中也获得广泛应用，如飞机挡风罩、座舱盖等。

⑤ 聚四氟乙烯（F-4） 聚四氟乙烯是热塑性塑料，是氟塑料的一种，其最大的特点是具有更优越的耐高低温、耐腐蚀、耐候性、电绝缘性能。它几乎不受任何化学药品的腐蚀，无论是强酸（盐酸、硫酸、王水）、强碱（烧碱），还是强氧化剂（如高锰酸钾）对它都毫无作用。它的化学稳定性超过了玻璃、陶瓷、不锈钢、金、铂，因此，聚四氟乙烯俗称"塑料王"。但是，它的强度和刚度较其他工程塑料差，当温度达到250℃以上时，它开始分解，放出毒性气体，因此，加工时必须严格控制温度。它主要用作特殊性能要求的零件和设备，如化工机械中各种耐腐蚀零部件（如耐腐蚀泵、过滤板、反应罐等），冷冻工业中贮藏液态气体的低温设备；另外，在一些耐磨零件中也使用聚四氟乙烯塑料，如自润滑轴承、耐磨片、密封环、阀座、活塞环等。

⑥ ABS塑料 ABS塑料是热塑性塑料，是由丙烯腈、丁二烯和苯乙烯三种组分按一定比例组成的共聚物。每一单体都起着其固有的作用。其中丙烯腈使ABS具有较高的强度、硬度、耐腐蚀和耐候性；苯乙烯则使ABS具有优良的介电性和成形加工性；丁二烯可使ABS获得弹性和较高的冲击韧性。由于ABS塑料的综合性能良好，因此，在机械工业、电气工业、纺织工业、汽车、飞机、轮船等制造业以及化学工业等方面得到广泛应用。例如，可用ABS制作电视机、电冰箱等电器设备外壳，制作转向盘、手柄、仪表盘及化工容器、管道等制品。ABS塑料的缺点是耐候性差、不耐燃、不透明等。

⑦ 聚砜（PSF） 聚砜是热塑性塑料，是20世纪60年代中期出现的一种新型工程塑料，是一种具有特殊分子链结构的热塑性高聚物。它具有许多优异性能，最突出的优点是耐热性好，使用温度范围宽，可在-100～150℃下长期使用，而且蠕变值极低。此外，它还具有良好的综合性能，有良好的电绝缘性和化学稳定性。缺点是加工成形性能、耐候性、耐紫外线性能不够理想。聚砜可用于耐热、抗蠕变和强度要求较高的结构件，如汽车零件、齿轮、凸轮、仪表精密零件等，也可用作耐腐蚀零件和电气绝缘件，如各种薄膜、涂层、管道、板材等。

⑧ 酚醛塑料（PF） 酚醛塑料是热固性塑料，是最早发现并且投入工业化生产的高分子材料。它是用苯酚和甲醛经缩聚反应制成的热固性塑料。由于其电绝缘性能优异，故常称之为"电木"。固化后的酚醛塑料强度高、硬而耐磨、吸湿性低、制件尺寸稳定、耐热、耐燃，可在150～200℃范围内使用，价格便宜。缺点是脆性大、在日光照射下易变色。常用于制作摩擦磨损零件，如轴承、齿轮、凸轮、刹车片、离合器片等。另外，酚醛塑料还广泛用于电器工业。

10.2.2 橡胶

（1）橡胶的组成

橡胶是以生胶为基础加入适量配合剂制成的高分子材料。

① 生胶 生胶是指未加配合剂的天然橡胶或合成橡胶的总称。生胶按原料来源可分为天然橡胶和合成橡胶。天然橡胶主要从橡胶树的浆汁中制取。由于天然橡胶的产量受天时地理环境的限制，其产量远不能满足工农业生产的需求。因此，人们通过化学合成的方法制成了与天然橡胶性质相似的合成橡胶，合成橡胶的品种很多，如丁苯橡胶、氯丁橡胶等。橡胶制品的性质主要取决于生胶的性质。

② 配合剂 配合剂是为了提高和改善橡胶制品的性能而加入的物质。橡胶配合剂的种类很多，大体可分为硫化剂、硫化促进剂、防老剂、软化剂、填充剂、发泡剂及着色剂等。

所谓硫化就是在生胶中加入硫化调料（如硫磺）和其他配料。硫化剂的作用是使具有可塑性的、线型结构的橡胶（胶料）分子间产生交联，形成三维网状结构，使胶料变为具有高弹性的硫化胶。天然橡胶常以硫磺作硫化剂。为了加速硫化，缩短硫化时间，还需要加入硫化促进剂（如氧化镁、氧化锌和氧化钙等）。

橡胶是弹性体，在加工过程中必须使它具有一定的塑性，才能与各种配合剂混合。软化剂的加入能增加橡胶的塑性，改善黏附力，并能降低橡胶的硬度和提高耐寒性。常用的软化剂有硬脂酸、精制石蜡、凡士林以及一些油类和脂类；填充剂的作用是增加橡胶制品的强度和降低成本；常用的填充剂有炭黑、氧化硅、陶土、滑石粉、硫酸钡等；防老化剂是为了延缓橡胶"老化"过程，延长制品使用寿命而加入的物质。

着色剂是为改变橡胶的颜色而加入的物质。一般要求着色剂着色鲜艳、耐晒、耐久、耐热等，常用的着色剂有钛白、立德粉、氧化铁、氧化铬等。

（2）橡胶的特点及应用

① 特点 橡胶最重要的特点是高弹性，在较小的外力作用下，就能产生很大的变形，当外力去除后能很快恢复到原来的状态。由于橡胶具有优良的伸缩性和积储能量的能力，因此，橡胶成为常用的弹性材料、密封材料、减振防振材料和传动材料。此外，橡胶还有良好的耐磨性、隔音性和阻尼特性。橡胶的最大缺点是易老化，即橡胶制品在使用过程中出现变色、发粘、发脆及龟裂等现象，使橡胶弹性、强度等发生变化，并影响橡胶制品的性能及使用寿命。因此，防止橡胶老化是橡胶制品应该特别注意的。

② 应用 橡胶的应用很广，如机械制造中的密封件、减振防振件，电气工业中的各种导线、电缆的绝缘件等。橡胶的模压制品、橡胶带和热收缩管等在电气、电子工业中也有广泛应用。此外，耐辐射、防振、制动、导电、导磁等特性的橡胶制品也有广泛的应用。

③ 橡胶的保护 橡胶失去弹性的主要原因是氧化、光的辐射和热影响。氧气，特别是臭氧侵入橡胶分子链时，会使橡胶老化、变脆、硬度提高、龟裂和发粘；光的辐射，特别是紫外线的辐射，不仅会加速橡胶氧化，而且还会直接引起橡胶结构异化，引起橡胶的裂解和交联；温度升高一方面会加速氧化作用，另一方面在较高温度（300～400℃）下，会使橡胶发生分解与挥发，导致橡胶失去优良的性能。此外，在使用过程中，重复的屈挠变形等机械疲劳作用，也会引起橡胶结构的复杂变化，改变其力学性能，如弹性降低、氧化加速等。

在橡胶及其制品的非工作期间，应尽量使其处于松弛状态，避免日晒雨淋，避免与酸、碱、汽油、油脂及有机溶剂接触；在存放橡胶及其制品时要远离热源，其保存环境温度要尽量保持在 3～35℃之间，湿度要尽量保持在 50％～80％之间。

（3）常用的橡胶材料

① 天然橡胶（代号 NR）　天然橡胶是橡树上流出的胶乳，经凝固干燥加工制成的。天然橡胶具有良好的综合性能、耐磨性、抗撕裂性和加工性能。但天然橡胶的耐高温、耐油、耐溶剂性差，耐臭氧和老化性差，主要用于制造轮胎、胶带、胶管及通用橡胶等制品。

② 丁苯橡胶（代号 SBR）　丁苯橡胶是整个合成橡胶中规模较大、产量较高的通用橡胶。丁苯橡胶具有较好的耐磨性、耐热性和耐老化性，比天然橡胶质地均匀，价格低。但弹性、机械强度、耐挠曲龟裂、耐撕裂、耐寒性等较差，其加工性能也较天然橡胶差。丁苯橡胶能与天然橡胶以任意比例混用，相互取长补短，以弥补丁苯橡胶的不足。目前丁苯橡胶普遍用于制造汽车轮胎，也用于制造胶带、胶管及通用制品等，在铁路上可用作橡胶防振垫。

③ 顺丁橡胶（代号 BR）　顺丁橡胶也是产量较大的一种合成橡胶，在世界上产量仅次于丁苯橡胶，位居第二位。顺丁橡胶以弹性好、耐磨和耐低温而著称。此外，顺丁橡胶的耐挠曲性也较天然橡胶好。其缺点是抗张强度和抗撕裂性较低，加工性能较差，冷流动性大。由于顺丁橡胶比丁苯橡胶的耐磨性高 26%，因此，主要用于制作轮胎，也用于制造胶带、胶管、胶鞋等制品。

④ 氯丁橡胶（代号 CR）　氯丁橡胶在物理性能、力学性能等方面可与天然橡胶相媲美，并且具有天然橡胶和一些通用橡胶所没有的优良性能。氯丁橡胶具有耐油、耐溶剂、耐氧化、耐老化、耐酸、耐碱、耐热、耐燃烧、耐挠曲和透气性好等性能，因此，称其为"万能橡胶"。氯丁橡胶的缺点是耐寒性较差，密度较大，生胶稳定性差，不易保存。氯丁橡胶在工业上用途很广，主要利用其对大气和臭氧的稳定性制造电线、电缆的包皮；利用其耐油、耐化学稳定性制造输送油和腐蚀性物质的胶管；利用其机械强度高制造运输带；此外，还可用来制造各种垫圈、油罐衬里、轮胎胎侧、各种模型制品等。

⑤ 硅橡胶　硅橡胶属于特种橡胶，其独特的性能是耐高温和低温，可在 $-100\sim300℃$ 温度范围内工作，并具有良好的耐候性、耐臭氧性及优良的电绝缘性。但强度低，耐油性不好。根据硅橡胶耐高、低温的特性，它可用于制造飞机和宇宙飞行器的密封制品、薄膜和胶管等，也可用于电子设备和电线、电缆包皮。此外，硅橡胶无毒无味，可作食品工业的运输带、罐头垫圈及医药卫生橡胶制品，如人造心脏、人造血管等。

⑥ 氟橡胶（代号 FPM）　氟橡胶也属于特种橡胶，其最突出的性能是耐腐蚀，其耐酸碱及耐强氧化剂腐蚀的能力，在各类橡胶中是最好的。除此以外，氟橡胶还具有耐高温（可在 315℃下工作）、耐油、耐高真空、抗辐射等优点。但其加工性能较差，价格较贵。氟橡胶的应用范围较为广泛，常用于特殊用途，如耐化学腐蚀制品（化工设备衬里、垫圈）、高级密封件、高真空橡胶件等。

10.2.3　胶黏剂

工程上连接各种金属和非金属材料的方法除焊接、铆接、螺栓连接之外，还有一种新型的连接工艺——胶接（又称粘接）。胶接是借助于一种物质在固体表面产生的黏合力将材料牢固地连接在一起的方法。能够将两种物件胶接起来，并使结合处具有足够强度的物质称为胶黏剂或胶。胶黏剂是以具有黏性的高分子物质为基料，加入某些添加剂组成。

胶黏技术一直为人们所利用，早期使用的胶黏剂采用动、植物胶液，由于黏合性能差，应用受到限制，现代胶接技术多采用合成胶黏剂。

（1）胶黏剂的分类

胶黏剂的品种多，组成各异。按照来源可分为天然的和合成的两大类，工业上使用的主要是合成胶黏剂。按胶黏剂基料的化学成分可分为有机胶黏剂和无机胶黏剂两大类，其中每一大类又可细分为多种。按胶黏剂的主要用途分类，可分为非结构胶（承受负荷较低）、结构胶（承受负荷较高）、密封胶、导电胶、耐高温胶、水下胶、点焊胶、医用胶、应变片胶、压敏胶等。按照被胶接材料可分为金属胶黏剂和非金属胶黏剂（塑料胶黏剂和橡胶胶黏剂）。胶黏剂以流变性质来分，可分为热固性胶黏剂、热塑性胶黏剂和合成橡胶胶黏剂。

① 热固性胶黏剂　热固性胶黏剂固化后呈网状型结构，有些还要加入固化剂。此类胶黏剂的优点是耐热、耐水、耐介质侵蚀、胶接强度高；缺点是抗冲击强度、抗剥离强度和起始黏结性较差，如环氧—酚醛胶黏剂。

② 热塑性胶黏剂　热塑性胶黏剂的优点是抗冲击强度、抗剥离强度较高，起始黏结性好；缺点是热硬性不高，如聚醋酸乙烯酯、过氯乙烯等胶黏剂。

③ 合成橡胶胶黏剂　合成橡胶胶黏剂的优点是起始黏性高，富有柔韧性，能黏结多种材料；缺点是热硬性和耐低温性差，如氯丁橡胶胶黏剂。

（2）胶黏剂的组成

早期使用的胶黏剂属天然胶黏剂，如浆糊、虫胶、骨胶、树汁等动植物胶。现代胶接技术，多采用人工合成胶黏剂。合成胶黏剂是一种多组分的具有优良黏合性能的物质。它的组分包括基料、固化剂、增塑剂、增韧剂、填料、稀释剂等。

① 基料　基料是胶黏剂的主要组分。它对胶黏剂的性能（如胶接强度、耐热性、韧性、耐老化等）起着重要作用。常用的基料有酚醛树脂、环氧树脂、聚酯树脂、聚酰胺树脂及氯丁橡胶等。

② 固化剂　固化剂的作用和热固性塑料中的固化剂完全一样，是使胶黏剂固化，其种类和用量直接影响胶黏剂的使用性质和工艺性能。

③ 增塑剂和增韧剂　增塑剂和增韧剂能改善胶黏剂的塑性和韧性，提高胶接接头抗剥离、抗冲击能力及耐寒性等。常用的增塑剂和增韧剂有热塑性树脂、合成橡胶及高沸点的低分子有机液体等。

④ 填料　填料的加入能提高胶接接头强度和表面硬度，提高耐热性，还可降低热膨胀系数和收缩率，增大黏度和降低成本。通常使用的填料有金属粉末、石棉和玻璃纤维等。

⑤ 稀释剂　稀释剂能降低胶黏剂的黏度，增加胶黏剂对被黏物表面的浸润力，并有利于施工。凡能与胶黏剂混溶的溶剂均可作稀释剂。

此外，还可以加入固化促进剂、防老剂和稳定剂等。对于某一种具体的胶黏剂，其组成应根据使用要求采取相应的配合。而且必须注意使用不同的胶黏剂时，形成胶接接头的条件也不同。接头可以在一定温度和时间的条件下，经固化形成；也可以在加热接合处后，经冷凝后形成接头；还可以先溶入易挥发溶剂中，胶接后溶剂挥发后形成接头。

（3）胶接条件和工艺过程

利用胶黏剂把彼此分离的物件胶接在一起，形成牢固接头的必要条件是：胶黏剂必须能够很好地浸润被胶结物的表面；在固化硬结后，胶层应有足够的内聚力，而且胶黏剂与被胶接物件之间有足够的黏附力。

脱脂处理是指采用有机溶剂或热蒸汽对物件进行脱脂，该工艺过程一般适应于金属物件，主要目的是清除金属物件表面的油脂、机械加工杂质等。机械处理是用砂纸打磨或喷丸等清除物件表面污物、锈皮等，增加物件胶接面面积。经机械处理好的物件表面还要用溶剂清洗。机械处理的缺点是表面比较粗糙，容易被溶剂、水和腐蚀性介质所侵蚀。化学处理的优点是经济、有效，而且适应面广，特别是对结构复杂、公差要求高的金属物件更适合。但是，对于不同的金属需要配置不同的化学处理溶液，并按操作工艺规程进行处理。

涂胶可用刷子、刮板、滚轴或涂胶机进行，但要注意控制胶层厚度，过厚会降低胶接强度。物件涂胶后，要在一定温度下晾置一段时间，使胶中的溶剂挥发，以免溶剂残留在胶缝内在固化过程中产生气泡。物件晾好后即可进行胶合装配、加热、加压固化（根据胶黏剂类型而定）。

在固化和卸压完毕后，胶接件一般需要自然放置一段时间，特别是形状复杂和容易变形的胶接件更需要如此，以消除胶接过程中产生的内应力。

（4）胶黏剂在机械工程上的应用

① 在机械设备修理方面的应用　胶黏剂用来修补各种铸件表面的气孔、缩孔、砂眼等缺陷，修复机床导轨的磨损、拉毛等缺陷。具体操作过程是：清洗待修复表面，涂上瞬干胶，撒上铁粉，反复进行，直到填满为止，然后在室温中固化，再用刮刀刮平；在汽车和拖拉机修理中，用来粘接和修复配合零件。例如，用环氧胶修复蓄电池壳、粘接拖拉机上制动阀弹簧套筒与连杆、修复模具等。

② 改进机械安装工艺　有些配合零件采用胶黏剂进行胶接，可以降低加工精度要求，简化操作规程，节省工时，如模具上的导柱和导套的连接，原设计要求轴和孔采用压配合安装，现改为采用胶黏剂进行胶接安装。

（5）胶接的特点

胶接和螺栓连接、焊接、铆接相比，具有如下特点。

① 胶接处应力分布均匀　采用螺栓、焊接、铆接等方式连接时，容易产生应力集中现象，连接件容易发生疲劳破坏；利用胶黏剂胶接则应力能够比较均匀地分布在整个胶接面上，从而提高构件的疲劳寿命。

② 可以连接各种材料　胶接不仅在金属之间，而且在金属和非金属之间以及非金属之间都能获得良好的连接。连接时它不受被胶接材料性质、形状的限制，这是其他连接方式难以胜任的。例如，玻璃和陶瓷等脆性材料的连接，既不能焊接，又不便于铆接和螺栓连接，只有胶接最为简便牢固。

③ 接头平整光滑、重量轻　胶接的接头比焊接和铆接的接头平整光滑。它不仅外表美观、变形小，而且还可大大减轻结构重量。据统计，用胶接代替铆接，可减轻飞机制件质量25％～30％。此外，胶接接头一般都具有良好的密封性能。

目前，胶接技术尚存在一些缺点，主要是以高分子物质为基础的胶黏剂耐高温性能较差，大多数有机胶的使用温度限制在80℃以下，只有少数品种可在200～300℃范围内使用。另外，尚无完善的检查胶接质量的手段，因而判断胶接件的可靠性尚缺乏有效依据。

10.3　陶瓷材料

传统上所说的"陶瓷"，是指使用天然材料（黏土、长石和石英等）经烧结成形的陶器与瓷器的总称。现代广义上的陶瓷，是指使用天然的或人工合成的粉状化合物经成形和高温烧结制成的一类无机非金属固体材料，它具有硬度、熔点和抗压强度高、耐磨损、耐氧化、耐蚀等优点，作为结构材料在许多场合是金属材料和高分子材料所不能替代的，而陶瓷的某些特殊性能又可用作功能材料。

10.3.1 陶瓷材料的类型和特点

（1）陶瓷的分类

① 普通陶瓷（传统陶瓷） 一般采用黏土、长石和石英等天然原料烧结而成。这类陶瓷按其性能、特点和用途又可分为日用陶瓷、建筑陶瓷、电绝缘陶瓷和化工陶瓷等。

② 特种陶瓷（现代陶瓷） 这是指采用高纯度人工合成原料制成并具有特殊物理化学性能的新型陶瓷（包括功能陶瓷）。除了具有普通陶瓷性能外，至少还具有一种适应工程上需要的特殊性能，如氧化物陶瓷、氮化物陶瓷、碳化物陶瓷、金属陶瓷等。

此类陶瓷，按用途又可分为高温陶瓷、压电陶瓷、光学陶瓷和磁性陶瓷等。

（2）陶瓷的组织结构

陶瓷的性能与其组织结构有关。金属晶体是以金属键相结合构成的；高分子材料晶体是以共价键结合构成的；而陶瓷则是由天然或人工合成的原料经高温烧结成的致密固体材料，其组织结构比金属复杂得多，其内部存在晶相、玻璃相和气相。这三种相的相对数量、形状和分布对陶瓷性能影响很大。

① 晶相（晶体相） 大多数陶瓷是由离子键构成的离子晶体（如 Mg、Al_2O_3 等），但也有由共价键构成的（如 Si_3N、SiC 等），这是陶瓷的主要组成相，一般是两种晶体都存在。离子键的结合能较高，正负离子以静电作用结合得比较牢固，因此陶瓷具有硬度高、熔点高、质脆等特性。与金属晶体类似，陶瓷一般也是多晶体，也存在晶粒和晶界。细化晶粒及亚晶粒同样能提高强度并影响其他性能。但是，由于陶瓷化学成分和相结构是多种金属元素和非金属元素的化合物组成，其组织结构和性能间的关系不如单纯金属或非金属材料那样简单，而要考虑更多的因素。

② 玻璃相 陶瓷烧结时，由各组成物和杂质通过一系列物理化学作用形成的非晶态物质称为玻璃相。玻璃相熔点较低，主要作用是把分散的晶相黏结在一起，还可以降低烧结温度，抑制晶体长大并填充气孔空隙。但是降低了抗热性和绝缘性，所以玻璃相一般限制在 20%～40%（体积）之间。

③ 气相 陶瓷中存在的气孔称为气相，常以孤立的状态分布在玻璃相、晶界或晶体内。气相会引起应力集中，降低陶瓷强度和抗电击穿能力，所以应尽量减少气孔数量和尺寸，并使其均匀分布。一般气相控制在陶瓷体积的 5%～10%。

10.3.2 常用陶瓷材料

陶瓷是先成形后烧结而成的产品，其生产工艺过程主要为：配料及原料处理——制坯及压制成形——烧结三个阶段。

压制成形方法有干压、注浆、等静压、挤压、热压注等方法。

烧结的过程是使陶瓷内部发生一系列物理化学变化，对陶瓷质量影响很大。烧结后的产品很难再加工。通常，陶瓷烧成后就可以使用，只有在要求尺寸精确或表面质量很高时才进行研磨加工。烧结可以在煤窑、煤气炉或电炉等高温炉窑中进行。

此外，还有将粉料同时加热、加压制成陶瓷的热压法和高温等静压法等方法。

10.3.3 常用陶瓷材料的性能、特点及用途

（1）普通陶瓷（传统陶瓷）

普通陶瓷产量最大，具有质地坚硬、不会氧化生锈、耐腐蚀、不导电、耐一定高温、加

工成形性好、成本低廉等优点，所以广泛用作建筑、日用、卫生、化工、纺织、高低压电气等行业的结构件和用品。例如化学工业用的耐酸耐碱容器、管道、反应塔，供电系统用的绝缘子、瓷套等。但是这类陶瓷抗拉强度较低，抗热冲击性差、热膨胀系数和导热系数均低于金属。

（2）特种陶瓷

凡是具有某些特殊的物理和化学性能的陶瓷统称特种陶瓷，包括高温陶瓷、金属陶瓷、压电陶瓷等功能陶瓷。在机械工程上应用最多的是高温陶瓷。

① 高温陶瓷　高温陶瓷分为以下两种类型。

a. 氧化物陶瓷。以纯氧化物（Al_2O_3、ZrO_2、MgO、BeO 等）为基（晶相）的陶瓷称为氧化物陶瓷，通常熔点超过 2000℃，具有高的室温强度和高温强度，良好的化学稳定性和介电性能，但热稳定性一般较差。目前以氧化铝陶瓷应用最多。

氧化铝陶瓷主要成分是刚玉（Al_2O_3），其质量分数在 45％以上。按照瓷坯中主晶相不同，可分为刚玉瓷和莫来石瓷等。

氧化铝陶瓷具有各种优良的性能，如耐高温、耐腐蚀、高强度、高硬度、高温绝缘性好等。微晶刚玉硬度达 92～93HRA，热硬性达 1200℃，因此这类陶瓷在机械工程上用途尤为广泛。例如，可作为高温实验的容器和熔融金属的坩埚，内燃机用火花塞，熔模精铸用的耐火材料，各种模具、量具，精密切削高硬度材料（淬火钢和冷硬铸铁）的切削刀具，大型零件高速切削刀具等。此外，某些新型氧化铝陶瓷（如氧化铝金属陶瓷）由于强度、耐磨性、抗热震性更高，还可用作机械上的耐磨零件，如金属拉丝模，化工、石油用泵的密封环等。

b. 非氧化物陶瓷。主要特点是耐高温，硬度高，但脆性大。目前应用最广的是碳化硅陶瓷。

碳化硅陶瓷（SiC）：这是一种高强度、高硬度且热硬性良好的高温结构陶瓷。在 1400℃高温下仍可保持较高的抗弯强度，还具有良好的导热性、抗氧化性、导电性、高的冲击韧度和抗蠕变性，但不抗强碱。此陶瓷可用于制作火箭尾喷管的喷嘴、浇注金属用喉嘴，以及热电偶套管、炉管等高温零部件，还可用作高温下热交换器材料以及制造砂轮、磨料等。

氮化硅陶瓷（Si_3N_4）：这是一种耐高温、强度和硬度高、耐磨、耐腐蚀（除氢氟酸外）并能自润滑的高温结构陶瓷。在陶瓷中，Si_3N_4 的线胀系数最小，最高工作温度可达 1400℃；除了能够耐各种无机酸和 30％的烧碱溶液及其他碱溶液的腐蚀，还能抵抗熔融的 Al、Pb、Sn、Zn、Au、Ag、Ni 以及黄铜等的侵蚀，并具有优良的电绝缘性和耐辐射性。

② 金属陶瓷　金属陶瓷是由金属或合金与陶瓷组成的非均质复合材料，综合了金属和陶瓷的优良性能，具有高强度、高温强度、高韧性和高的耐蚀性。

金属陶瓷中常用陶瓷材料有各种氧化物、碳化物和氯化物，如 Al_2O_3、MgO、TiC、WC、TiB 等；常用的金属则是铁、铬、镍、钴及其合金等。采用不同组分和不同比例的金属与陶瓷制成的金属陶瓷，可以得到不同性能和用途的材料。作为工具用的金属陶瓷均以陶瓷为主；作为结构材料的金属陶瓷，则是以金属为主，含量较高。现在实际使用的大多是以陶瓷（氧化物和碳化物）为主的金属陶瓷，且在切削工具方面得到广泛应用。

a. 氧化物基金属陶瓷。这类金属陶瓷是应用最早最广泛的（如 Al_2O_3＋Cr），其中 w_{Cr} ＜10％。铬的高温性能好，氧化时生成 Cr_2O_3 膜，而 Cr_2O_3 膜又与 Al_2O_3 形成固溶体，把氧化铝粉牢固地黏在一起，所以这种陶瓷比纯氧化铝陶瓷的韧性好，热稳定性和抗氧化性均有改善。如果再加入 Ni 和 Fe，则在高温下形成 FeO、Al_2O_3、$NiO \cdot Al_2O_3$ 复杂氧化物，可进一步改善陶瓷的高温性能。

这种金属陶瓷主要作为切削工具。切削时黏着倾向小，有利于提高被加工件的加工精度提高表面质量，故适用于高速切削，尤其适于切削 65HRC 左右的淬火钢和冷硬铸铁。

b. 碳化物基金属陶瓷。工具材料中的硬质合金就是一种碳化物基金属陶瓷，其黏结剂主要是铁族元素，如 TiC-Ni、WC-Co 等。作为工具材料时，是利用碳化物的高硬度和金属的韧性；作为高温结构材料时，是利用碳化物的高温强度和金属塑性。

高温材料的金属陶瓷，其抗氧化能力大，熔点和硬度都很高，强度较大且密度小。常用的黏结剂有 Ni 和 Co，有时还加入少量难熔元素 Cr、Mn、W 等，以提高韧性和热稳定性。碳化物基耐热材料金属陶瓷的牌号有 K152B（$w_{TiC+Ni} = 30\%$）、K184B（$w_{TiC+Ni} 40\% + w_{Cr} 3\% + w_{Mo} 4\% + w_{Al} 3\%$）等，已应用于航空、航天工业中的部分耐热构件，并可望用于制造涡轮喷气发动机中的燃烧室、涡轮叶片、涡轮盘、汽车发动机等结构件。

10.4 复合材料

金属材料、高分子材料和陶瓷材料作为工程材料三大支柱，在使用性能上各有其优点和不足，因此，它们各有自己较适合的应用范围。随着科学技术的发展，机械制造和工程结构对材料提出了越来越高的性能要求，而使用单一材料来满足这些性能要求变得越来越困难。所以目前出现了将多种单一材料采用不同成形方式组合成一种新的材料——复合材料。

10.4.1 复合材料的概念

复合材料是多相材料。凡是两种或两种以上不同物理或化学性质或不同组织结构的材料，以微观或宏观的形式组合而成的多相材料，均可称为复合材料。这种复合材料既保持原材料的各自特点，又具有比原材料更好的性能，即具有"复合"效果。不同材料复合后，通常是其中一种材料为基体材料，起黏结作用，另一种材料作为增强剂材料，起承载作用。

自然界中许多天然材料都可看做是复合材料，如树木是由纤维素和木质素复合而得，纸张是由纤维物质与胶质物质组成的复合材料，又如动物的骨骼也可看做是由硬而脆的无机磷酸盐和软而韧的蛋白质骨胶组成的复合材料。人类很早就仿制天然复合材料，在生产和生活中制成了初期的复合材料。例如，在建造房屋时，往泥浆中加入麦秸、稻草可增加泥土的强度；还有钢筋混凝土是由水泥、砂子、石子、钢筋组成的复合材料。诸如此类的复合材料，在工程上屡见不鲜。复合材料一般是由强度和弹性模量较高，但脆性大的增强剂和韧性好但强度和弹性模量低的基体组成。它们是将增强材料均匀地混合分散在基体材料中，以克服单一材料的某些弱点。

复合材料的优点是根据人的要求来改善材料的使用性能，将各种组成材料取长补短并保持各自的最佳特性，从而有效地发挥材料的潜力。所以，"复合"已成为改善材料性能的一种手段。目前复合材料越来越引起人们的重视，新型复合材料的研制和应用也越来越多。有人预言，21 世纪是复合材料的时代。

10.4.2 复合材料的特点

复合材料可以是不同的非金属材料相互复合；还可以是不同的金属材料或金属与非金属材料相互复合。与其他传统材料比较，复合材料具有以下性能特点。

（1）复合材料的比强度和比模量较高

复合材料具有比其他材料高得多的比强度（抗拉强度除以相对密度）和比模量（弹性模量除以密度）。众所周知，许多结构和设备，不但要求材料的强度高，还要求密度小，复合材料就具备这种特性，如碳纤维增强环氧树脂的比强度是钢的 7 倍，比模量比钢大 3 倍。材料的比强度高，则所制作零件的质量和尺寸可减少；材料的比模量大，则零件的刚性大。一般使用复合材料制作的构件比使用钢制作的构件的质量可减轻 70% 左右，并且使用复合材料所制成的构件强度和刚度与钢制作的构件基本相同。

（2）复合材料抗疲劳性能好

金属在疲劳载荷作用下的断裂是内部裂纹扩展的结果，疲劳破坏就是裂纹不断扩展，直至最后材料的承载能力丧失而突然断裂。金属材料，尤其是高强度金属材料，在循环载荷的作用下，对裂纹非常敏感，容易产生突发性破坏，并且金属材料的疲劳破坏一般没有预兆，容易造成重大事故。而在纤维增强复合材料中，每平方厘米截面上有成千上万根独立的增强纤维，外加载荷由增强纤维承担，受载后如果有少量纤维断裂，载荷会迅速重新分布，由未断的纤维承担；另外，复合材料内部缺陷少、基体塑性好，有利于消除或减少应力集中现象。这样就使复合材料构件丧失承载能力的过程延长了，并在破坏前有预兆性，可提醒人们及时采取有效措施。例如碳纤维增强聚酯树脂的疲劳极限相当于其抗拉强度的 70%~80%，而金属材料的疲劳极限一般只有其抗拉强度的 40%~50%。

（3）复合材料结构件减振性能好

工程上有许多机械结构，在工作过程中振动问题十分突出，如飞机、汽车及各种动力机械，当外加载荷的频率与结构的自振频率相同时，将产生严重的共振现象。共振会严重威胁结构的安全运行，有时会造成灾难性事故。据研究，结构的自振频率除了同结构本身的形状有关外，还与材料比模量的平方根成正比。纤维增强复合材料的自振频率高，可以避免产生共振。同时纤维与基体的界面对振动具有反射和吸振能力，故振动阻尼很高。例如，用同样尺寸和形状的梁进行试验，金属梁需 9s 才停止振动，而碳纤维复合材料只要 2.5s，可见阻尼之高。

（4）复合材料高温性能好

一般铝合金在 400℃ 时，其弹性模量会急剧下降并接近于零，强度也会显著下降。纤维增强复合材料中，由增强纤维承受外加载荷。而增强纤维中除玻璃纤维的软化点较低（700~900℃）外，其他纤维材料的软化点（或熔点）一般都在 2000℃ 以上（见表 10-1）。用这类纤维材料制作复合材料，可以提高复合材料的耐高温性能，如玻璃纤维增强复合材料可在 200~300℃ 下工作；碳纤维或硼纤维增强复合材料在 400℃ 时，其强度和弹性模量基本保持不变。此外，由于玻璃钢具有极低的导热系数（只有金属的千分之一至百分之一），因此可瞬时承受超高温，故可做耐烧蚀材料。

表 10-1　常用增强纤维的软化点

纤维种类	石英玻璃纤维	Al_2O_3 纤维	碳纤维	氮化硼纤维	SiC 纤维	硼纤维	B_4C 纤维
熔点（软化点）/℃	1600	2040	2650	2980	2690	2300	2450

用钨纤维增强的钴、镍或其他合金，则可在 1000℃ 以上工作，大大提高了金属的高温性能。

（5）独特的成形工艺

复合材料制造工艺简单，易于加工，并可按设计需要突出某些特殊性能，如增强减摩性、增强电绝缘性、提高耐高温性等。另外，复合材料构件可以整体一次成形，减少零部件、紧固体和接头的数目，提高材料利用率。

目前纤维复合材料还存在一些问题，如各向异性力学性能差异较大（横向抗拉强度和层间剪切强度比纵向低得多），断裂伸长较小，抵抗冲击载荷能力较低，成本高，价格贵等。这些问题解决后，将使复合材料的推广和应用得到进一步发展。

10.4.3 常用复合材料的种类

按复合材料的增强剂种类和结构形式的不同，复合材料可分为三类。

（1）纤维增强复合材料

纤维增强复合材料是以玻璃纤维、碳纤维、硼纤维等陶瓷材料做复合材料的增强剂，复合于塑料、树脂、橡胶和金属等基体材料之中，如橡胶轮胎、玻璃钢、纤维增强陶瓷等都是纤维增强复合材料。

（2）层叠增强复合材料

层叠增强复合材料是克服复合材料在高度上性能的方向性而发展起来的，如三合板、五合板以及钢、铜、塑料复合的无油润滑轴承材料等就是这类复合材料。

（3）细粒增强复合材料

硬质合金就是 WC、Co 或 WC、TiC、Co 等组成的细粒增强复合材料。

在以上三类材料中，以纤维增强复合材料发展较快，应用也最广，已成为近代工业和某些高科技领域中重要的工程材料之一。

10.4.4 纤维增强复合材料

纤维增强复合材料是复合材料中发展最快、应用最广的一种材料。它具有比强度和比模量高，减振性能和抗疲劳性能好，以及耐高温等特点。日前常用的纤维增强复合材料有以下几种。

（1）玻璃纤维增强复合材料

以树脂为基体，玻璃纤维为增强剂的复合材料，称为玻璃纤维增强复合材料。根据树脂在加热和冷却时所表现的性质不同，玻璃纤维增强复合材料分为热塑性玻璃纤维增强复合材料（基体为热塑性塑料，如尼龙、聚苯乙烯）和热固性玻璃纤维增强复合材料（基体为热固性塑料，如环氧树脂、酚醛树脂）两种。其中热塑性玻璃纤维增强复合材料比普通塑料具有更高的强度和冲击韧性。其增强效果因树脂的不同而有差异，以尼龙（聚酰胺）的增强效果最为显著，聚碳酸酯、聚乙烯和聚丙烯的增强效果也较好。

热固性玻璃纤维增强复合材料又称玻璃钢，它是目前应用最广泛的一种新型工程材料。其他复合材料由于价格昂贵、制造技术复杂，大部分仍限于在宇航、国防等工业中满足一些特殊应用要求。

玻璃钢的性能特点是强度较高，接近或超过铜合金和铝合金。密度为 $1.5 \sim 2.8 \times 10^3 kg/m^3$，只有钢的 $1/5 \sim 1/4$。因此，它的比强度不但高于铜合金、铝合金，甚至超过合金钢，此外它还有较好的耐腐蚀性。但玻璃钢的弹性模量较低，对于某些承载结构件必须考虑。

玻璃钢在石油化工行业应用广泛，例如，用玻璃钢制造各种罐、管道、泵、阀门、贮槽等，或者作金属、混凝土等设备内壁的衬里，可使这些化工设备在不同介质、温度和压力条件下的工作寿命增加。玻璃钢的另一重要用途是制造输送各种能源（水、石油、天然气等）的管道。与金属管道相比，它的综合成本低、重量轻。

交通运输工具应用玻璃钢也有发展前途。由于玻璃钢比强度高，耐腐蚀性能好，现已用于制造各种轿车、载重汽车的车身和各种配件。铁路用玻璃钢制造大型罐车，减轻了自重，提高了重量利用系数（载重量/车自重）。另外，采用玻璃钢制造船体及其部件，可以使船舶在防腐蚀、防微生物、提高寿命及提高承载能力、航行速度等方面都收到良好的效果。

玻璃钢在机械工业方面的应用也日益扩大，从简单的防护罩类制品（如电动机罩、发电机罩、带轮防护罩等）到较复杂的结构件（如风扇叶片、齿轮、轴承等）均采用玻璃钢制作。利用玻璃钢优良的电绝缘性能，可以制造各种电工器材和结构，如开关装置、电缆输送管道、高压绝缘子、印刷电路等。玻璃钢的主要缺点是弹性模量较小，只有钢的 $1/10 \sim 1/5$。因此，玻璃钢用作受力构件时，往往强度有余，而刚度较差，易变形。此外，玻璃钢还有耐热性差、易老化和蠕变的缺点。随着玻璃钢弹性模量的改善，长期耐高温性能的提高，抗老化性能的改进，特别是生产工艺和产品质量的稳定，它在各个领域中的应用一定会有更大的发展。

（2）碳纤维-树脂复合材料

碳纤维通常和环氧树脂、酚醛树脂、聚四氟乙烯等组成复合材料。它不仅保持了玻璃钢的许多优点，而且许多性能优于玻璃钢。它的强度和弹性模量都超过铝合金，而接近高强度钢，完全弥补了玻璃钢弹性模量小的缺点。它的密度比玻璃钢小（只有 $1.6 \times 10^3 / kg/m^3$），因此，它的比强度和比模量在现有复合材料中居第一位。此外，它还有优良的耐磨、减摩及自润滑性、耐腐蚀性、耐热性等优点。不足之处是碳纤维与树脂的黏结力不够大，各向异性明显。

在机械工业中，碳纤维树脂复合材料用作承载零件和耐磨零件，如连杆、活塞、齿轮和轴承等，用于有抗腐蚀要求的化工机械零件，如容器、管道、泵等，用于制作航空航天飞行器的外层，用于制作人造卫星和火箭的机架、壳体、天线构架等。

【小结】 本章主要介绍高分子材料的基础知识及塑料、胶黏剂、橡胶、陶瓷和复合材料等内容。学习之后要求：第一，了解高分子材料的有关名词与概念；第二，了解塑料、胶黏剂、橡胶、陶瓷和复合材料的分类方法；第三，了解部分典型塑料、胶黏剂、橡胶、陶瓷和复合材料的特性和应用范围，必要时可以利用表格进行归纳、总结，突出重点。

习　题

1. 名词解释

（1）塑料 （2）橡胶 （3）热固性塑料 （4）热塑性塑料 （5）复合材料

2. 判断题

（1）塑料的主要成分是树脂。　　　　　　　　　　　　　　　　　　　　　　（　　）

（2）热固性塑料受热软化，冷却硬化，再次加热又软化，冷却又硬化，可多次重复。

（　　）

（3）所有无机非金属材料都称为陶瓷材料。　　　　　　　　　　　　　　　　（　　）

（4）不同材料复合后，通常是其中一种材料为基体材料，起黏结作用；另一种材料作为增强剂材料，起承载作用。　　　　　　　　　　　　　　　　　　　　　　（　　）

（5）橡胶失去弹性的主要原因是氧化、光的辐射和热影响。　　　　　　　　　（　　）

3. 简答题

（1）简述橡胶的分类、特点及用途。

（2）塑料由哪几部分组成？

（3）天然橡胶和人工橡胶各有何特点？

（4）硫化的作用是什么？

（5）什么叫陶瓷？有哪些特点？

（6）试述复合材料的概念和特点。

第11章 几种新材料的发展简介

【学习目标】

（1）了解新材料的定义和分类；

（2）了解新材料的性能和用途；

（3）能够利用网络对新材料的发展动态做进一步的了解，丰富自己的知识领域。

11.1 概述

所谓新材料是指新出现的、具有特殊性能和特殊功能的材料。新材料是相对于传统材料而言的，二者之间并没有严格的分界线。新材料的发展往往以传统材料的组织结构和性能为基础。传统材料经过进一步改良和发展也可以成为新材料。

目前，各国都在加速新材料的研究和开发，同时新材料的研究正朝着高性能化、功能化、复合化、专用化方向发展。传统的金属材料与非金属材料的界限正在逐渐消失，新材料的分类也变得困难起来，材料的属性区分也变得模糊起来。例如，传统的认识是：导电性是金属固有的，而如今非金属材料也出现导电性。复合材料更是融合了多种材料性能于一体，甚至会出现一些与原来材料截然不同的性能。

材料是国民经济的基础，进入21世纪之后，随着科学技术的迅速发展以及工农业生产对新材料需求的增加，将会涌现出更多新材料，为新技术取得突破创造条件，为工农业生产服务。本章主要对目前新出现的部分新材料及其应用作简要介绍。

11.2 新型高温材料

如果工作温度超过600℃，一般就不能选择普通的耐热钢了，而要选择高温材料或高温合金。所谓高温材料，一般是指能在600℃以上，甚至在1000℃以上能满足使用要求的材料，这种材料在高温下能承受较高的应力并具有相应的使用寿命。常见的高温材料是高温合金，出现于20世纪30年代，其发展和使用温度的提高与航天航空技术的发展紧密相关。现在高温材料的应用范围越来越广，从锅炉、蒸汽机、内燃机到石油、化工用的各种高温物理化学反应装置、原子反应堆的热交换器、喷气涡轮发动机和航天飞机的多种部件等都有广泛的应用。高新技术领域对高温材料的使用性能不断提出更高要求，促使高温材料的种类不断增多，耐热温度不断提高，性能不断改善。反过来，高温材料的性能提高，又扩大了其应用领域，推动了高新技术的进一步发展。目前，已开发并进入实用状态的高温材料主要有：铁基高温合金、镍基高温合金、钴基高温合金和高温陶瓷材料等。

11.2.1 铁基高温合金

铁基高温合金由奥氏体不锈钢发展而来。这种高温合金在成分中加入比较多的 Ni 以稳定奥氏体基体。部分现代铁基高温合金中 Ni 的质量甚至接近50%。另外，加入10%～25%

（质量分数）的 Cr 可以保证铁基高温合金获得优良的抗氧化及抗热腐蚀能力；加入 W 和 Mo 的主要目的是用来强化固溶体的晶界；加入 Al、Ti、Nb 元素主要是起沉淀强化作用，其主要强化相是 $Ni_3(Ti，Al)$ 和 Ni_3Nb，以及微量碳化物和硼化物。目前，我国研制的 Fe-Ni-Cr 系铁基高温合金主要有变形高温合金（如 GH1140、CH2132 等）和铸造高温合金（如 K213、K214 等）。这些铁基高温合金用作导向叶片的工作温度最高可达 900℃。一般而言，这种高温合金的抗氧化性和高温强度都还不足，但其成本较低，可用于制作一些使用温度要求较低的航空发动机和工业燃气轮机部件。

11.2.2 镍基高温合金

镍基高温合金是在英国的 Nimonic 合金（Ni80Cr20）基础上发展起来的，合金以 Ni 为主，Ni 含量超过 50%，基体是奥氏体组织，其使用温度范围为 700～1000℃。镍基高温合金可溶解较多的合金元素，如 W、Mo、Ti、Al、Nb、Co 等，可使高温合金保持较好的组织稳定性。其高温强度、抗氧化性和耐腐蚀性都较铁基高温合金好。镍基高温合金主要用作现代喷气发动机的涡轮叶片、导向叶片和涡轮盘等。镍基高温合金按其生产方式也分为变形高温合金（如 GH3039、GH4033 等）与铸造高温合金（如 K405）两大类。由于使用温度越高的镍基高温合金其锻造性能也越差，因此，现在的发展趋势是：耐热温度高的零部件，大多选用铸造镍基高温合金制造，其使用温度可达 1050℃。

为了提高高温合金的使用温度、力学性能和耐腐蚀能力，世界各国都在采用特殊工艺，如粉末冶金、微晶工艺、定向凝固技术、快速凝固、单晶、金属间化合物、难熔金属、涂层和包层以及人工纤维增强高温合金等新工艺，使高温合金的使用温度、力学性能和耐腐蚀能力达到现代工业要求。

由于单晶高温合金消除了晶界，去除了晶界强化元素，使合金的初熔温度大为提高，这样就可加入更多的强化元素并采取更高的固溶处理温度，使强化元素的作用得到充分的发挥。单晶高温合金的工作温度要比普通铸造高温合金高约 100℃。对涡轮叶片而言，每提高 25℃，就相当于提高叶片寿命 3～5 倍，发动机的推力就将会有较大幅度的增加。单晶高温合金的使用温度高达 1040～1100℃，主要用于民用和军用飞机的喷气发动机上。

金属构件在 1300℃ 以上高温下工作并承受较大应力时，则必须采用难熔金属，如钽（Ta）、铼（Re）、钼（Mo）、铌（Nb）等及其合金。这些合金具有熔点高，强度高等优点，但冶炼加工困难，而且密度大。例如，钽基合金可制作高温真空炉中的加热器、热交换器及热电偶套管等，其工作温度可达 1600～2000℃，在宇航、能源开发领域也有广泛的应用前景。又如已投入使用的 Nb-Hf 合金，用来制造火箭喷嘴等高温构件。可以说，难熔金属及其合金是制作高压、超高温热交换器，以及应用于航空、航天等高科技领域的优良材料。

11.2.3 高温陶瓷材料

高温高性能结构陶瓷正在得到普遍关注。以氮化硅陶瓷为例，它已成为制造新型陶瓷发动机的重要材料。氮化硅陶瓷不仅具有良好的高温强度、高硬度和高耐磨性，而且还具有热膨胀系数较小、导热系数高、抗冷热冲击性能好、耐腐蚀能力强、不怕氧化等优点。用它制成的发动机可在更高的温度环境下工作，而且其热效率也有较大的提高。目前氮化硅陶瓷常用于制造轴承、燃汽轮机叶片或镶嵌块、机械密封环、永久性模具等机械构件。此外，碳化物基金属陶瓷也具有良好的耐热性和耐高温性，已应用于航空、航天工业的部分耐热构件，如制造涡轮喷气发动机中的燃烧室、涡轮叶片、涡轮盘等。

11.3　超导材料

超导材料是近 20 年发展最快的功能材料之一。超导体是指在一定温度下材料电阻为零，并且其内部的磁感应强度始终保持为零状态，成为完全抗磁性物质。

超导现象是荷兰物理学家卡梅林·昂内斯（Kamerlingh·Onnes）在 1911 年首先发现的。他在检测水银低温电阻时发现：当温度低于 4.2K 时水银的电阻突然消失。这种零电阻现象称为超导现象，出现零电阻的温度称为临界温度 Tc。Tc 是物质常数，同一种材料在相同条件下有确定值。Tc 的高低是超导材料能否实际应用的关键。1933 年迈斯纳（Meissner）发现超导的第二个标志——完全抗磁。当金属在超导状态时，它能将通过其内部的磁力线排出体外，称为迈斯纳效应。零电阻和完全抗磁性是超导材料的两个最基本的宏观特性。

超导为人类提供了十分诱惑的工业前景，但 4K 的低温让人们失去了应用的信心。此后，人们不仅在超导理论研究上做了大量工作，而且在研究新的超导材料，以及提高超导零电阻温度上进行了不懈的努力。Tc 值越高，超导体的使用价值越大。由于大多数超导材料的 Tc 值都太低，必须用液氦才能降到所需温度，这样不仅费用昂贵，而且操作不便，因而许多科学家都致力于提高 Tc 值的研究工作。1973 年应用溅射法制成 Nb_3Ge 薄膜，Tc 从 4.2K 提高到 23.2K。到 20 世纪 80 年代中期，超导材料研究取得突破性进展。中国、美国、日本等先后获得 Tc 高达 90K 以上的一种含钇和钡的铜氧化物高温超导材料，而后又研制出 Tc 超过 125K 的高温超导材料。这些结果已成为科学技术发展史上的重要里程碑，使在液氮温度下使用的超导材料变为现实，将对许多科学技术领域产生难以估计的深远影响。

11.3.1　超导材料分类

超导材料一般分为：超导合金、超导陶瓷和超导聚合物三类。

（1）超导合金

这类材料是超导材料中机械强度最高、应力应变小、磁场强度低的超导体，是早期具有实用价值的超导材料。广泛使用的是 Nb-Zr 系和 Ti-Nb 系合金。

（2）超导陶瓷

1986 年随着超导陶瓷的出现，使超导体的 Tc 获得重大突破。Tc 高于 120K 的 Tl-Ba-Ca-Cu-O 材料就属于超导陶瓷材料。

（3）超导聚合物

与超导合金相比，聚合物超导材料的发展比较缓慢，目前最高临界温度只达到 10K 左右。

11.3.2　超导材料的应用

超导材料在工业中有很好的应用价值。

（1）电力系统方面

超导电力储存是目前效率最高的电力储存方式。利用超导输电可大大降低目前高达 7% 左右的输电损耗。超导磁体用于发电机，可大大提高电机中的磁感应强度，提高发电机的输出功率。利用超导磁体实现磁流体发电，可直接将热能转换为电能，使发电效率提高 50%～60%。

（2）运输方面

超导磁悬浮列车是在车底部安装许多小型超导磁体，在轨道两旁埋设一系列闭合的铝环。列车运行时，超导磁体产生的磁场相对于铝环运动，铝环内产生的感应电流与超导磁体相互作用，产生的浮力使列车浮起。列车速度越高，浮力越大。磁悬浮列车速度可达500km/h。

（3）其他方面

超导材料可用于制作各种高灵敏度的器件，利用超导材料的隧道效应可制造运算速度极快的超导计算机等。

11.4 纳米材料

著名的诺贝尔化学奖获得者Feyneman在20世纪60年代曾预言：如果我们对物体微小规模上的排列加以某种控制的话，我们就能使物体得到大量的异乎寻常的特性，就会看到材料的性能产生丰富的变化。他所说的材料就是现在的纳米材料。

11.4.1 纳米材料的定义及分类

纳米是一种度量单位，1纳米（nm）等于 10^{-9} m，即百万分之一毫米、十亿分之一米。1nm相当于头发丝直径的10万分之一。广义地说，所谓纳米材料，是指微观结构至少在一维方向上受纳米尺度（1～100nm）调制的各种固体超细材料，它包括零维的原子团簇（几十个原子的聚集体）和纳米微粒、一维调制的纳米多层膜、二维调制的纳米微粒膜（涂层）以及三维调制的纳米相材料。简单地说，纳米材料是指用晶粒尺寸为纳米级的微小颗粒制成的各种材料，其纳米颗粒的大小不应超过100nm，而通常情况下不应超过10nm。目前，国际上将处于1～100nm尺度范围内的超微颗粒及其致密的聚集体，以及由纳米微晶所构成的材料，统称为纳米材料，包括金属和非金属、有机和无机及生物等多种粉末材料。

纳米材料是目前材料科学研究的一个热点，由其发展起来的纳米技术则被公认为是21世纪最具有前途的科研领域。所谓纳米科学，是指研究纳米尺寸范围在0.1～100nm之内的物质所具有的物理、化学性质和功能的科学。

11.4.2 纳米材料的结构与性能

纳米材料中的原子排列既不同于长程有序的晶体，也不同于长程无序的"气体状"固体结构，是一种介于固体和分子间的亚稳中间态物质。因此，一些研究人员把纳米材料称之为晶态、非晶态之外的"第三态晶体材料"。正是由于纳米材料这种特殊的结构，使之产生四大效应，即小尺寸效应、量子效应（含宏观量子隧道效应）、表面效应和界面效应，从而具有传统材料所不具备的物理、化学性能，表现出独特的光、电、磁和化学特性。

由于纳米材料尺寸特别小，纳米材料的表面积比较大，处于表面上的原子数目的百分比显著增加，当材料颗粒直径只有1nm时，原子将全部暴露在表面，因此，原子极易迁移使其物理性能发生极大变化。其特殊的物理性能特点有以下几点。

① 纳米材料具有高比热、高导电率、高扩散率，对电磁波具有强吸收特性，据此可制造出具有特定功能的产品（如电磁波屏蔽、隐形飞机等）。

② 纳米材料对光的反射能力非常低，低到仅为原非纳米材料的百分之一。

③ 气体在纳米材料中的扩散速度比在普通材料中快几千倍。

④ 纳米材料的力学性能成倍增加，具有高强度、高韧性及超塑性，如纳米铁材料的断裂强度比一般钢铁材料高 12 倍。

⑤ 纳米材料与生物细胞结合力较强，为人造骨质的应用拓宽了途径。

⑥ 纳米材料的熔点大大降低，如金的熔点本是 1064℃，但 2nm 的金粉末熔点则只有 327℃。

⑦ 纳米材料具有特殊的磁性，如 20nm 的铁粉，其矫顽力可增加 1000 倍。纳米磁性材料的磁记录密度比普通的磁性材料高 10 倍。

11.4.3 纳米材料的应用

① 纳米结构材料　它包括纯金属、合金、复合材料和结构陶瓷，具有十分优异的力学及热力性能，可使构件重量大大减轻。

② 纳米催化、敏感、储氢材料　它可用于制造高效的异质催化剂、气体敏感器及气体捕获剂；用于汽车尾气净化、环境保护、石油化工、新型洁净能源等领域。

③ 纳米光学材料　它可用于制作多种具有独特性能的光电子器件，如蓝光二极管、量子点激光器、单电子晶体管等。

④ 纳米技术电子器件　纳米材料制作的电子器件性能大大优于传统的电子器件，其工作速度快，是硅器件的 1000 倍，因而可使产品性能大幅度提高；功耗低，纳米电子器件的功耗仅为硅器件的 1/1000；信息存储量大，在一张 5in 光盘上，至少可以存储 30 个中国国家图书馆的全部藏书。

⑤ 纳米生物与医学材料　纳米粒子与生物体有着密切的关系，如构成生命要素之一的核糖核酸蛋白质复合体，其粒度在 15～20nm 之间，生物体内的多种病毒也是纳米粒子。此外用纳米 SiO_2 微粒可进行细胞分离，用金的纳米粒子进行定位病变治疗，可以减少副作用等。研究纳米生物学可以在纳米尺度上了解生物大分子的精细结构及其与功能的关系，获取生命信息，特别是细胞内的各种信息，还可利用纳米粒子研制成机器人，注入人体血管内，对人体进行全身健康检查，疏通脑血管中的血栓，清除心脏动脉脂肪沉积物，甚至还能吞噬病毒、杀死癌细胞等。

⑥ 军事方面　可以用昆虫作平台，利用先进的纳米技术，把纳米机器人植入昆虫的神经系统中控制昆虫，飞向敌方收集情报，或使敌方目标丧失功能。

11.5　其他新材料

除前面介绍的新材料外，现在还有导电功能材料、超塑性材料、磁性材料、电子信息材料、智能材料、能源转化与储存材料、敏感器件材料、声学与光学材料和生物医学材料等新材料。新型材料的出现将不断满足人类生产和生活的特殊需要，尤其是在高新技术领域，这些新材料正发挥着十分重要的地位。

① 导电功能材料　它是指那些具有导电特性的物质，包括：电阻材料、电热与电光材料、导电与超导材料、半导体材料、介电材料、离子导体和导电高分子材料等。

② 超塑性材料　长期以来，人们一直希望能够很容易地对高强度材料进行塑性加工成形，成形以后又能像钢铁一样坚固耐用。随着超塑性合金的出现，这种想象已成为现实。1920 年，德国人罗森汉在锌-铝-铜三元共晶合金的研究中，发现这种合金经冷轧后具有

暂时的高塑性。超塑性锌合金的形成条件为，温度 $250\sim270℃$，压力 $0.39\sim1.37MPa$。超塑性锌合金具有成形加工温度低，成形性和耐腐蚀性好等优点。所以除了制作各种复杂形状的容器外，还广泛用作建筑材料。

1928 年英国物理学家森金斯下了一个定义：凡金属在适当的温度下变得像软糖一样柔软，而且其应变速度为 $10mm/s$ 时，产生 300% 以上的伸长率，均属超塑性现象。

在通常情况下，金属的伸长率不超过 90%，而超塑性材料的最大伸长率可高达 $1000\%\sim2000\%$，个别的甚至达到 6000%。金属只有在特定条件下才显示出超塑性。在一定的变形温度范围内进行低速加工时可能出现超塑性。产生超塑性的合金，晶粒一般为微细晶粒，这种超塑性叫作微晶超塑性。

自 20 世纪 70 年代初，全世界都在寻找新的超塑性金属，到目前已发现了 170 多种合金材料具有超塑性。

③ 磁性材料 它是指那些具有强磁性的材料。早期的磁性材料是指软铁、硅钢片、铁氧体等。随着新材料的发展，出现了非晶态软磁材料、纳米晶软磁材料、稀土永磁材料等一系列高性能磁性材料，广泛应用于计算机、声像记录、电工产品、机械制造等行业。

④ 电子信息材料 它是指那些用于集成电路的半导体材料、电子元器件材料、人工晶体材料以及通信技术中所用的光导纤维等。它是新材料领域中最重要的组成部分，已成为推动信息产业增长的主要动力。

⑤ 智能材料 它是指能够根据所处环境的变化，使自身功能处于最佳状态的材料，如形状记忆材料、电流变体材料、电致变色材料、微孔材料等都可列入智能材料。不同的智能材料系统依靠不同的机制来完成智能功能，如形状记忆材料是利用材料受热、光等的作用发生相变，导致形状变化；电致变色材料是利用一些氧化物在电场作用下与金属发生离子交换，从而改变吸收波波长范围。

⑥ 能源转化与储存材料 地球上可再生的能源主要指太阳能、风能、地热能、潮汐能等，这些能源在大多数情况下不能直接使用，也不能储存，因此，必须将它们转换成可以使用的能源形式，或将之用适当的方式储存起来，再加以利用。能源转化与储存材料就是围绕可再生能源的利用这一目标而发展起来的新材料，如太阳能转换材料（光电转换材料）、热电转换材料、储氢材料（镁基储氢材料）等。

⑦ 阻尼材料 随着工业和交通运输业的飞速发展，噪声污染对人类的危害越来越大。因此，将噪声降低到无害的程度，是环境保护的一项重要任务。噪声与振动可以通过吸声、隔音、消声、阻尼减振技术等措施治理。阻尼减振技术中所用的材料称为阻尼材料或减振材料。阻尼材料分为金属基阻尼材料（烧结多孔铸铁、泡沫铝合金等）和非金属基阻尼材料（橡胶系、沥青系、塑料系等）两大类。

⑧ 光学材料 根据光同材料相互作用时产生的不同的物理效应可将光学材料分为光介质材料和光功能材料两大类。光介质材料是指传输光线的材料，这些材料以折射、反射和透射的方式，改变光线的方向、强度和位相，使光线按照预定的要求传输，也可以吸收或透过一定波长的光线而改变光线的光谱成分，如光学玻璃、光学塑料、光导纤维和光学晶体等；光功能材料是指在电、声、磁、热、压力等外场作用下，其光学性质能发生变化，或者在光的作用下其结构和性能能发生变化的材料。利用这些变化，可以实现能量的探测和转换，如激光材料、电光材料、声光材料、非线性光学材料、显示材料和光信息存储材料等。

⑨ 生物医学材料 它是指用于与生命系统接触和发生相互作用的，并能对其细胞、组

织和器官进行诊断、治疗、替换修复或诱导再生的天然或人工合成的特殊功能材料，或称生物材料。生物医学材料是当代科学技术发展的重要领域之一，已被许多国家列为高技术材料发展计划。生物医学材料按材料的物质属性来分，可分为医用金属材料（不锈钢、钛合金等）、生物陶瓷（Al_2O_3 陶瓷、ZrO_2 陶瓷、磷酸盐陶瓷等）、医用高分子材料（硅橡胶、聚四氟乙烯等）和复合材料四类。

【小结】　本章主要介绍了新型高温材料、超导材料、纳米材料及其他新材料等。学习之后要求：第一，熟悉各类新材料的定义和分类；第二，了解新材料的性能和用途；第三，善于利用或使用 Internet 收集新材料的发展动态，丰富新材料方面的基础知识。

习　题

1. 名词解释

（1）高温材料　（2）超导现象　（3）纳米材料

2. 填空题

（1）凡金属在适当温度下变得像软糖一样柔软，而且其应变速度为 10mm/s 时，产生＿＿＿＿＿以上的伸长率，均属超塑性现象。

（2）纳米是一种度量单位，1 纳米（nm）等于＿＿＿＿＿m。

（3）国际上将处于＿＿＿＿nm 尺度范围内的超微颗粒及其致密的聚集体，以及由纳米微晶所构成的材料，统称为纳米材料。

（4）超导材料一般分为：＿＿＿＿＿、＿＿＿＿＿和＿＿＿＿材料三类。

（5）高温材料主要有：＿＿＿＿＿、＿＿＿＿＿、＿＿＿＿＿和＿＿＿＿＿。

3. 简单说明纳米材料的主要性能特点。

第12章 机械零件的选材与工艺分析

【学习目标】

（1）掌握零件的失效方式和失效原因；

（2）熟悉工程材料及毛坯的选用原则；

（3）掌握典型机械零件的工作条件、失效形式、性能要求及选材，进行工艺路线分析；

（4）掌握零件选材的方法和步骤，即首先分析零件的工作条件和失效形式，提出对该零件性能要求，并根据所掌握的材料知识，选择适宜的材料以满足零件的使用要求；

（5）掌握常用机械零件的毛坯成形方法及其特点。

12.1 选材的一般原则

12.1.1 材料的使用性能——选材的最主要依据

指的是零件在使用时所应具备的材料性能，包括力学性能、物理性能和化学性能。对大多数零件而言，力学性能是主要的性能指标，表征力学性能的参数主要有强度极限 σ_b、弹性极限 σ_e、屈服强度 σ_s 或 $\sigma_{0.2}$、伸长率 δ、断面收缩率 ψ、冲击韧性 A_K 及硬度 HRC 或 HBS 等。这些参数中强度是力学性能的主要性能指标，只有在强度满足要求的情况下，才能保证零件正常工作，且经久耐用。在材料力学的学习中，已经发现，在设计计算零件的危险截面尺寸或校核安全程度时所用的许用应力，都要根据材料强度数据推出。

可以看出，在设计机械零件和选材时，应根据零件的工作条件、损坏形式，找出对材料力学性能的要求，这是材料选择的基本出发点。

12.1.2 材料的工艺性能

材料的加工工艺性能主要有：铸造、压力加工、切削加工、热处理和焊接等性能。其加工工艺性能的好坏直接影响到零件的质量、生产效率及成本。所以，材料的工艺性能也是选材的重要依据之一。

① 铸造性能：一般是指熔点低、结晶温度范围小的合金才具有良好的铸造性能。如合金中共晶成分铸造性最好。

② 压力加工性能：是指钢材承受冷热变形的能力。冷变形性能好的标志是成型性良好、加工表面质量高，不易产生裂纹；而热变形性能好的标志是接受热变形的能力好，抗氧化性高，可变形的温度范围大及热脆倾向小等。

③ 切削加工性能：刀具的磨损、动力消耗及零件表面光洁度等是评定金属材料切削加工性能好坏的标志，也是合理选择材料的重要依据之一。

④ 可焊性：衡量材料焊接性能的优劣是以焊缝区强度不低于基体金属和不产生裂纹为标志。

⑤ 热处理：是指钢材在热处理过程中所表现的行为。

如过热倾向、淬透性、回火脆性、氧化脱碳倾向以及变形开裂倾向等来衡量热处理工艺性能的优劣。

总之，良好的加工工艺性可以大大减少加工过程的动力、材料消耗、缩短加工周期及降低废品率等。优良的加工工艺性能是降低产品成本的重要途径。

12.1.3 材料的经济性能

每台机器产品成本的高低是劳动生产率的重要标志。产品的成本主要包括：原料成本、加工费用、成品率以及生产管理费用等。材料的选择也要着眼于经济效益，根据国家资源，结合国内生产实际加以考虑。此外，还应考虑零件的寿命及维修费，若选用新材料还要考虑研究试验费。

作为一个机械设计人员，在选材时必须了解我国工业发展趋势，按国家标准，结合我国资源和生产条件，从实际出发全面考虑各方面因素。

12.2 零件的失效

任何零件或部件使用一段时间后都要损伤或损坏，其损伤的程度有三种情况。

① 零件彻底破坏，不能再使用，如轴的断裂。

② 严重损伤继续使用不安全，如有裂纹产生、表面磨损。

③ 虽然还能安全工作，但已达不到预定的作用。

只要发生上面情况中的任何一种都可以认为零件已经失效。对机器零件或部件进行失效分析的目的就是要找出零件破坏的原因，并且提出相应的改进措施。失效分析的结果对于零件的设计、选材、加工及使用都具有很大的指导意义。

12.2.1 机械零件失效的方式

零件失效的形式多种多样，按零件的工作条件及失效的宏观表现与规律可分为：变形失效、断裂失效、表面损伤失效等。

12.2.2 机械零件失效的原因

失效原因有多种，在实际生产中，零件失效很少是由于单一因素引起的，往往是几个因素综合作用的结果。归纳起来可分为设计、材料、加工和安装使用四个方面。可能的原因有如下几点。

（1）设计原因

一是由于设计的结构和形状不合理导致零件失效，如零件的高应力区存在明显的应力集中源（各种尖角、缺口、过小的过渡圆角等）；二是对零件的工作条件估计失误，如对工作中可能的过载估计不足，使设计的零件的承载能力不够。

（2）材料方面的原因

选材不当是材料方面导致失效的主要原因。最常见的是设计人员仅根据材料的常规性能指标来作出决定，而这些指标根本不能反映出材料所受某种类型失效的作用力，材料本身的缺陷（如缩孔、疏松、气孔、夹杂、微裂纹等）也导致零件失效。

（3）加工方面原因

由于加工工艺控制不好会造成各种缺陷而引起失效，如热处理工艺控制不当导致过热、脱碳、回火不足等；锻造工艺不良出现带状组织、过热或过烧现象等；冷加工工艺不良造成光洁度太低，刀痕过深、磨削裂纹等都可导致零件的失效。

有些零件加工不当造成的缺陷与零件设计有很大的关系，如热处理时的某些缺陷。零件外形和结构设计不合理会促使热处理缺陷的产生（如变形、开裂）。为避免或减少零件淬火时发生开裂，设计零件时应注意：截面厚薄不均匀，容易在薄壁处开裂；结构对称，尽量采用封闭结构以免发生大的变形；变截面处均匀过渡，防止应力集中。

（4）安装使用与失效

零件安装时，配合过紧、过松、对中不良、固定不紧等，或操作不当均可造成使用过程中失效。

12.2.3 零件失效分析的方法步骤

① 现场调查研究。这是十分关键的一步。尽量仔细收集失效零件的残骸，并拍照记录实况，从而确定重点分析的对象，样品应取自失效的发源部位。

② 详细记录并整理失效零件的有关资料，如设计图纸、加工方式及使用情况。

③ 对所选定的试样进行宏观和微观分析，确定失效的发源点和失效的方式。扫描电镜断口分析确定失效发源地和失效方式；金相分析，确定材料的内部质量。

④ 测定样品的有关数据：性能测试、组织分析、化学成分分析及无损探伤等。

⑤ 断裂力学分析。

⑥ 最后综合各方面分析资料作出判断，确定失效的具体原因，提出改进措施，写出分析报告。

12.3 典型零件的选材及应用实例

工程材料中应用较多的是金属材料，具有强度高、韧性好、疲劳抗力高等优良性能，用来制造各种重要的机器零件和工程结构件。

12.3.1 机床零件的选材分析

机床零件的品种繁多，按结构特点、功用和受载特点可分为：轴类零件、齿轮类零件、机床导轨等。

（1）机床轴类零件的选材

机床主轴是机床中最主要的轴类零件。机床类型不同，主轴的工作条件也不一样。根据主轴工作时所受载荷的大小和类型，大体上可以分为四类。

① 轻载主轴。工作载荷小，冲击载荷不大，轴颈部位磨损不严重，例如普通车床的主轴。这类轴一般选用45钢制造，经调质或正火处理，在要求耐磨的部位采用高频表面淬火强化。

② 中载主轴。中等载荷，磨损较严重，有一定的冲击载荷，例如铣床主轴。一般选用合金调质钢制造，如40Cr钢，经调质处理，要求耐磨部位进行表面淬火强化。

③ 重载主轴。工作载荷大，磨损及冲击都较严重，例如工作载荷大的组合机床主轴。一般用20CrMnTi钢制造，经渗碳、淬火处理。

④ 高精度主轴。有些机床主轴工作载荷并不大，但精度要求非常高，热处理后变形应极小。工作过程中磨损应极轻微，例如精密镗床的主轴。一般用38CrMoAlA专用氮化钢制造，经调质处理后，进行氮化及尺寸稳定化处理。

过去主轴几乎全部都是用钢制造的，现在轻载和中载主轴已经可用球墨铸铁制造。

（2）机床齿轮类零件的选材

机床齿轮按工作条件可分为三类。

① 轻载齿轮。转动速度一般都不高，大多用45钢制造，经正火或调质处理。

② 中载齿轮。一般用45钢制造，正火或调质后，再进行高频表面淬火强化，以提高齿轮的承载能力及耐磨性。对大尺寸齿轮，则需用40Cr等合金调质钢制造。一般机床主传动系统及进给系统中的齿轮，大部分属于这一类。

③ 重载齿轮。对于某些工作载荷较大，特别是运转速度高又承受较大冲击载荷的齿轮大多用20Cr、20CrMnTi等渗碳钢制造。经渗碳、淬火处理后使用。例如：变速箱中一些重要传动齿轮等。

（3）机床导轨的选材

机床导轨的精度对整个机床的精度有很大的影响。必须防止其变形和磨损，所以机床导轨通常都是选用灰口铸铁制造，如HT200和HT350等。灰口铸铁在润滑条件下耐磨性较好，但抗磨粒磨损能力较差。为了提高耐磨性，可以对导轨表面进行淬火处理。

12.3.2 拖拉机及汽车零件的选材分析

（1）发动机和传动系统零件的选材

这两部分包括的零件相当多。其中，有大量的齿轮和各种轴，还有在高温下工作的零件，如进、排气阀、活塞等。它们的用材都比较重要，目前一般都是根据使用经验来选材。对于不同类型的汽车和不同的生产厂，发动机和传动系统的选材是不相同的。应该根据零件的具体工作条件及实际的失效方式，通过大量的计算和试验选出合适的材料。

（2）减轻汽车自重的选材

随着能源和原材料供应的日趋短缺，人们对汽车节能降耗的要求越来越高。而减轻自重可提高汽车的重量利用系数，减少材料消耗和燃油消耗，这在资源、能源的节约和经济价值方面具有非常重要的意义。

减轻自重所选用的材料，比传统的用材应该更轻且能保证试件性能。比如，用铝合金或镁合金代替铸铁，重量可减轻至原来的1/4～1/3，但并不影响其使用性能；采用新型的双相钢板材代替普通的低碳钢板材生产汽车的冲压件，可以使用比较薄的板材，减轻自重，但一点不降低构件的强度；在车身和某些不太重要的结构件中，采用塑料或纤维增强复合材料代替钢材，也可以降低自重，减少能耗。

12.3.3 典型零件的选材实例

（1）机床主轴

机床主轴是典型的受扭转-弯曲复合作用的轴件，它受的应力不大（中等载荷），承受的冲击载荷也不大，如果使用滑动轴承，轴颈处要求耐磨。因此大多采用45钢制造，并进行调质处理，轴颈处由表面淬火来强化。载荷较大时则用40Cr等低合金结构钢来制造。

车床主轴的选材结果如下。

材料：45钢。

热处理：整体调质，轴颈及锥孔表面淬火。

性能要求：整体硬度220～240HBS；轴颈及锥孔处硬度52HRC。

工艺路线：锻造→正火→粗加工→调质→精加工→表面淬火及低温回火→磨削。

该轴工作应力很低，冲击载荷不大，45 钢处理后屈服极限可达 400MPa 以上，完全可满足要求。现在有部分机床主轴已经可以用球墨铸铁制造。

（2）拖拉机半轴

汽车半轴是典型的受扭矩的轴件，但工作应力较大，且受相当大的冲击载荷。最大直径达 50mm 左右，用 45 钢制造时，即使水淬也只能使表面淬透深度为 10% 半径。为了提高淬透性，并在油中淬火防止变形和开裂，中、小型汽车的半轴一般用 40Cr 制造，重型车用 40CrMnMo 等淬透性很高的钢制造。

例：铁牛 45 半轴

材料：40Cr。

热处理：整体调质。

性能要求：杆部 37～44HRC；盘部外圆 24～34HRC。

工艺路线：下料→锻造→正火→机械加工→调质→盘部钻孔→磨花键。

（3）机床齿轮

机床齿轮工作条件较好，工作中受力不大，转速中等，工作平稳无强烈冲击，因此其齿面强度、心部强度和韧性的要求均不太高，一般用 45 钢制造，采用高频淬火表面强化，齿面硬度可达 52HRC 左右，这对弯曲疲劳或表面疲劳是足够了。齿轮调质后，心部可保证有 220HBS 左右的硬度及大于 4kgf·m/cm² 的冲击韧性，能满足工作要求。对于一部分要求较高的齿轮，可用合金调质钢（如 40Cr 等）制造。这时心部强度及韧性都有所提高，弯曲疲劳及表面疲劳抗力也都增大。

例：普通车床床头箱传动齿轮。

材料：45 钢。

热处理：正火或调质，齿部高频淬火和低温回火。

性能要求：齿轮心部硬度为 220～250HBS；齿面硬度 52HRC。

工艺路线：下料→锻造→正火或退火→粗加工→调质或正火→精加工→高频淬火→低温回火（拉花键孔）→精磨。

（4）拖拉机齿轮

拖拉机齿轮的工作条件远比机床齿轮恶劣，特别是主传动系统中的齿轮，它们受力较大，超载与受冲击频繁，因此对材料的要求更高。由于弯曲与接触应力都很大，用高频淬火强化表面不能保证要求，所以拖拉机的重要齿轮都用渗碳、淬火进行强化处理。因此这类齿轮一般都用合金渗碳钢 20Cr 或 20CrMnTi 等制造，特别是后者在我国拖拉机齿轮生产中应用最广。为了进一步提高齿轮的耐用性，除了渗碳、淬火外，还可以采用喷丸处理等表面强化处理工艺。喷丸处理后，齿面硬度可提高 1～3HRC 单位，耐用性可提高 7～11 倍。

例：拖拉机后桥圆锥主动齿轮。

材料：20CrMnTi 钢。

热处理：渗碳、淬火、低温回火，渗碳层深度可达 1.2～1.6mm。

性能要求：齿面硬度 58～62HRC，心部硬度 33～48HRC。

工艺路线：下料→锻造→正火→切削加工→渗碳、淬火、低温回火→磨加工。

以上各类零件的选材，只能作为机械零件选材时进行类比的参照。其中不少是长期经验积累的结果。经验固然很重要，但若只凭经验是不能得到最好的效果的。在具体选材时，还要参考有关的机械设计手册、工程材料手册，结合实际情况进行初选，重要零件在初选后，需进行强度计算校核，确定零件尺寸后，还需审查所选材料淬透性是否符合要求，并确定热处理技术条件。目前比较好的方法是，根据零件的工作条件和失效方式，对零件可选用的材料进行定量分析，然后参考有关经验作出选材的最后决定。

【小结】 本章主要介绍了材料选择的一般原则、材料的合理使用及典型零件的选材等内容。在学习之后：第一，熟悉各类材料的分类和性能；第二，了解选材的一般原则和程序；第三，积累典型零件（如齿轮、轴、箱体、工具等）在选材、热处理及加工工艺方面的一般经验；第四，善于观察和分析生活和实习中遇到的机械零件，并利用所学知识进行分析，增加感性认识。

<h1 style="text-align:center">习　题</h1>

1. 一般机械零件常见的失效形式有哪几种？
2. 选材的一般原则是什么？
3. 典型零件的选材依据是什么？

参 考 文 献

［1］ 刘永铨. 钢的热处理. 北京：冶金工业出版社，1981.

［2］ 雷廷权. 金属热处理方法 500 种. 北京：机械工业出版社，1998.

［3］ 马壮. 机械工程材料. 长沙：湖南科学技术出版社，2000.

［4］ 游文明. 工程材料与热加工. 北京：高等教育出版社，2007.

［5］ 丁仁亮. 工程材料. 北京：机械工业出版社，2010.

［6］ 王英杰. 金属工艺学. 北京：高等教育出版社，2001.

［7］ 刘会霞. 金属工艺学. 北京：机械工业出版社，2008.

［8］ 王英杰，金升. 金属材料与热处理. 北京：机械工业出版社，2010.